江苏省高等学校计算机等级考试系列教材

Visual FoxPro 实验指导书

主　编　崔建忠　单启成

苏 州 大 学 出 版 社

图书在版编目(CIP)数据

Visual FoxPro 实验指导书:2013 年版/崔建忠,单启成主编.—苏州:苏州大学出版社,2013.7(2019.7 重印)

21 世纪高校教材 江苏省高等学校计算机等级考试系列教材

ISBN 978-7-5672-0582-6

Ⅰ.①V… Ⅱ.①崔…②单… Ⅲ.①关系数据库系统—程序设计—高等学校—教材 Ⅳ.①TP311.138

中国版本图书馆 CIP 数据核字(2013)第 169949 号

Visual FoxPro 实验指导书(2013 年版)

崔建忠 单启成 主编

责任编辑 管兆宁

苏州大学出版社出版发行

(地址:苏州市十梓街 1 号 邮编:215006)

丹阳兴华印务有限公司印装

(地址:丹阳市胡桥镇 邮编:212313)

开本 787mm×1092mm 1/16 印张 9.5 字数 236 千

2013 年 7 月第 1 版 2019 年 7 月第 8 次修订印刷

ISBN 978-7-5672-0582-6 定价:25.00 元

苏州大学版图书若有印装错误,本社负责调换

苏州大学出版社营销部 电话:0512-67481020

苏州大学出版社网址 http://www.sudapress.com

前　言 Preface

计算机学科是一门实验性很强的学科。计算机应用能力的培养和提高,要靠大量的上机实验。为配合《Visual FoxPro 教程》教材的学习,江苏省教育厅组织编写了《Visual FoxPro 实验指导书》。

本书力求做到条理清晰,循序渐进,可操作性强,注重于应用能力的培养。本书所有实验完全结合教材《Visual FoxPro 教程》的内容进行安排,并与教材互为补充。全书共有 20 个实验和 3 个综合练习。每个实验都给出了指导性实验课时数安排,共计 34 +6 个实验课时,具体各个实验建议的时数分配见正文,其中“ +6”的时数用于综合实验,综合实验是为了让学生适应和熟悉江苏省计算机等级考试的题型和题量而专门设置的。

为了便于同学们上机实验,节省上机时间,我们为每个实验都准备了实验所需的相关文件素材,实验素材文件是按实验分目录存放并用 WinRAR 软件压缩打包的,该压缩文件可到苏州大学出版社官网(www. sudapress. com)下载中心下载,实验时只要将 RAR 压缩文件解压缩后即可使用。

本书中的实验建议软件环境为 Windows XP 操作系统和 Visual FoxPro 6.0 中文专业版。

本书由叶晓风主审,崔建忠、单启成任主编。叶晓风教授提出了很多宝贵意见,在此表示衷心的感谢。本书在编写过程中得到了严明、陈志明等同志的大力帮助,在此一同表示由衷的感谢。

由于编者水平有限,书中如有疏漏错误之处,恳请读者批评指正。

编　者

目　录

第1章

Visual FoxPro 数据库管理系统软件操作环境

本章实验的总体要求是:掌握 Visual FoxPro(简称 VFP)启动与退出的各种方法;掌握与 VFP 项目管理器有关的操作;熟悉 VFP 的集成操作环境。

实验1　Visual FoxPro 集成环境及项目管理

实验要求

1. 本实验建议在两课时内完成。
2. 掌握 VFP 启动与退出的各种方法。
3. 熟悉 VFP 的集成操作环境,包括掌握工具栏、命令窗口打开与关闭的方法。
4. 了解“选项”对话框的内容,并掌握一些常用的设置及命令。
5. 了解 VFP 帮助系统的大致结构,掌握其使用方法。
6. 掌握项目文件建立与打开的方法。
7. 了解项目管理器的结构及其定制方法。

实验准备

1. 学习教材 2.1 至 2.3 节的内容。

2. 在工作盘中创建“vfp”文件夹(本书工作盘均指定为 d 盘),从 www. sudapress. com 网站上将实验素材的压缩文件“VFP 实验. rar”下载并用 WinRAR 软件解压缩到“d:\vfp”文件夹中。

实验内容

一、VFP 的启动与退出

安装 VFP 后,可以通过“开始”菜单启动 VFP。用户也可以在桌面上创建其快捷方式,用于启动 VFP。VFP 启动后,即出现相应的 VFP 主窗口,如图 1-1 所示。

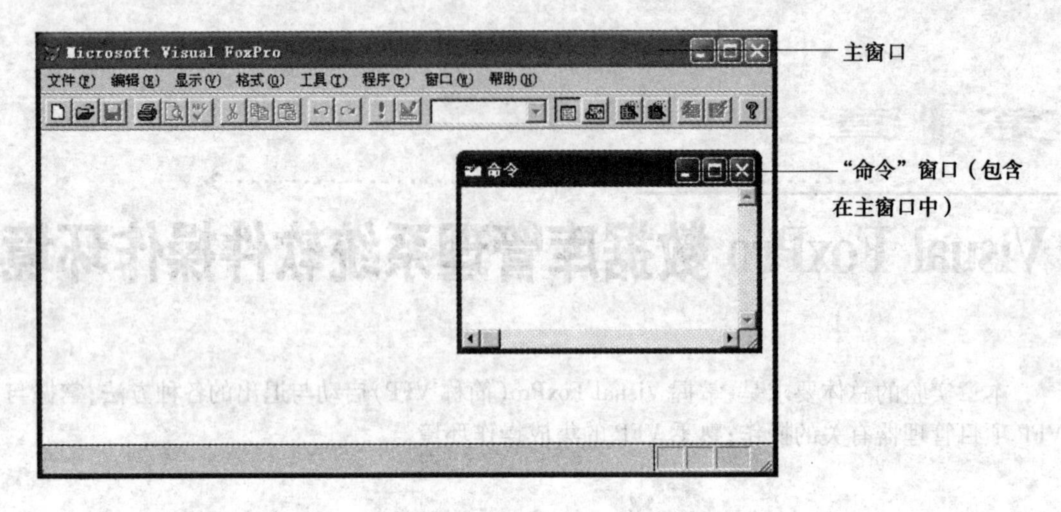

图 1-1 Visual FoxPro 主窗口

要退出 VFP(即关闭 VFP 主窗口),可以通过如下五种方式之一进行:

① 单击 VFP 主窗口右上角的"关闭"按钮。

② 执行菜单命令"文件"→"退出"。

③ 单击 VFP 主窗口的控制图标,执行菜单命令"关闭"。

④ 在键盘上按快捷键 <Alt> + <F4>。

⑤ 在"命令"窗口中输入并执行命令"QUIT"。

前四种方法是 Windows 环境下关闭窗口的一般方法,而第 5 种方法是 VFP 所特有的。

二、工具栏

VFP 提供了 11 种工具栏。在 VFP 启动后,系统默认打开的仅有"常用"工具栏,用户在工作过程中可以根据需要打开相应的工具栏以提高操作效率。同 Windows 环境下其他应用程序(如 Word)的工具栏,其打开与关闭有两种操作方法:

① 通过菜单命令"编辑"→"工具栏",打开"工具栏"对话框(图 1-2)进行设置。

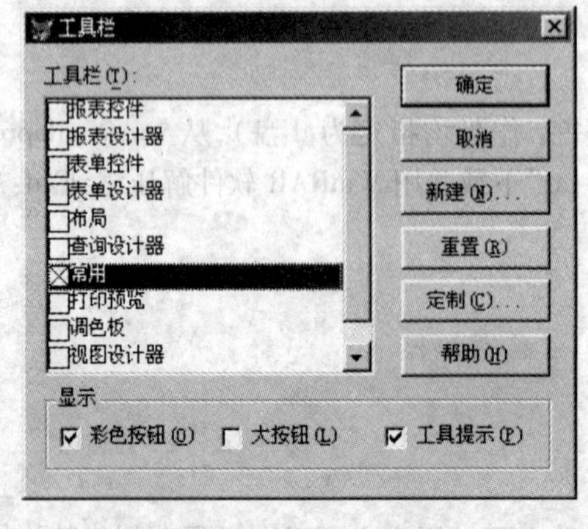

图 1-2 "工具栏"对话框

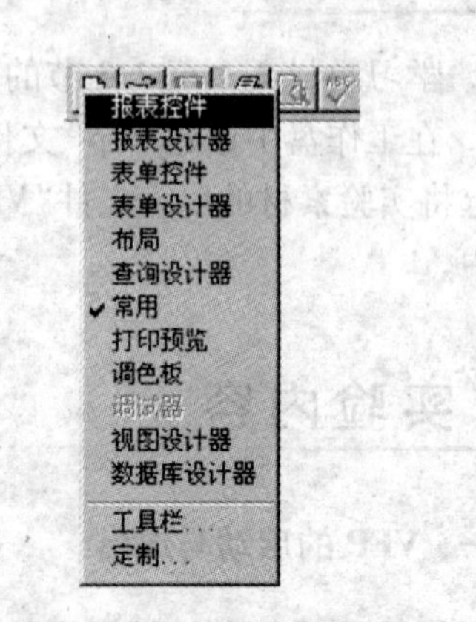

图 1-3 "工具栏"快捷菜单

② 在有工具栏打开的情况下，右击某工具栏的无按钮区域，利用出现的快捷菜单(图 1-3)进行工具栏的打开与关闭操作。

三、“命令”窗口

“命令”窗口是 VFP 的一种系统窗口。在 VFP 环境中执行某些操作时，相应的命令通常会自动地显示在“命令”窗口中。用户也可以直接在“命令”窗口中输入并执行 VFP 命令。

1. “命令”窗口的打开与关闭。

“命令”窗口的打开与关闭有多种方法，如下所述：

① 利用“常用”工具栏上的“命令”窗口按钮，该按钮为双态转换按钮，即单击一次关闭“命令”窗口，再单击一次则打开“命令”窗口。

② 单击窗口的“关闭”按钮，或利用窗口的控制图标，或执行菜单命令“文件”→“关闭”，可以关闭“命令”窗口。

③ 执行菜单命令“窗口”→“命令”窗口，或按快捷键 <Ctrl> + <F2>，可以打开“命令”窗口。

2. 在“命令”窗口中执行命令。

在“命令”窗口中执行命令后按回车键，则系统将直接解释执行该命令。需要注意的是：

● 以星号(*)开头的命令，或命令中“&& ”以后的部分是作为注释处理的(在“命令”窗口中不应输入注释部分，即使输入也无作用)。

● 如果所输入的命令有错，执行时系统将出现类似于图 1-4 所示的系统提示框(命令错误的原因不同，提示框中的提示信息将有所不同)，其执行无效。

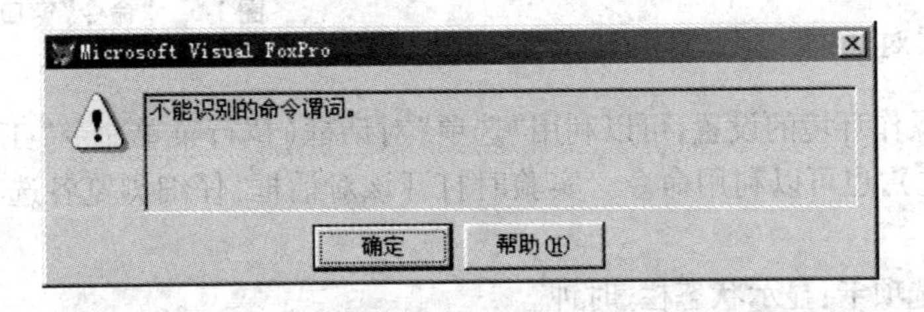

图 1-4　系统提示框

例如，在“命令”窗口中依次输入并执行下列命令(注：“&& ”符号及其后面的文字是说明文字，不必输入)：

```
? 1+2+3              && 计算并显示算术表达式的值
?"1"+"2"+"3"
?? 3/9               && 注意? 和?? 命令的区别
CLEAR                && 清除 VFP 主窗口中的所有显示信息
DIR                  && 显示默认文件夹中类型为 DBF 的文件目
                        录(表文件的目录)
DIR  d:\*.*          && 显示 d 盘根文件夹中所有文件的目录
CLEAR                && 清除 VFP 主窗口中的所有显示信息
```

```
MD d:\jxgl                              && 在 d 盘根文件夹中新建文件夹,文件夹名为 jxgl
COPY c:\windows\*.ini to d:\jxgl        && 将 c 盘上的所有 INI 文件复制到 d 盘 jxgl 文件夹中
RENAME d:\jxgl\*.ini TO d:\jxgl\*.txt
                                        && 将 d 盘 jxgl 文件夹中的 INI 文件改名为 txt 文件
DELETE FILE d:\*.bak                    && 删除 d 盘上所有的 BAK 文件
RUN /N CALC                             && 运行 Windows 的"计算器"应用程序(Calc.exe)
```

3. 命令的编辑与重用。

在"命令"窗口中,用户可以编辑和重新利用已输入的命令。请自行设计实验内容以验证以下功能:

- 将光标移到以前命令行的任意位置,按 <Enter> 键重新执行此命令。
- 选择要重新处理的代码块(即命令的一部分),然后按〈Enter〉键。
- 若要将长命令分行处理,可以在所需分行位置输入分号,然后按〈Enter〉键。
- 在"命令"窗口中选择多条命令后,单击右键,在出现的快捷菜单(图 1-5)中执行"运行所选区域"命令,系统可以依次执行所选的多条命令。

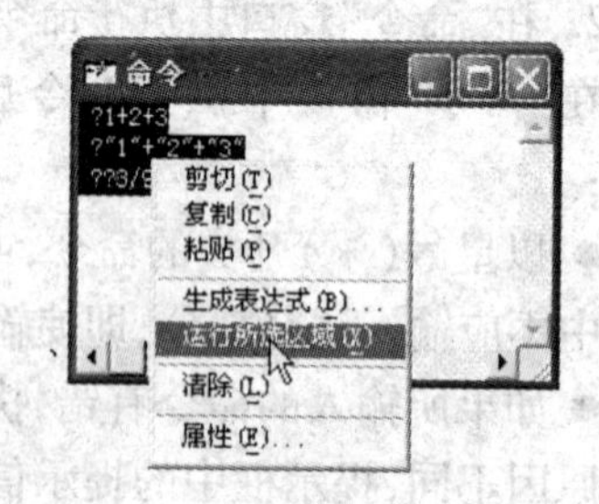

图 1-5 "命令"窗口中的快捷菜单

四、"选项"对话框

对于 VFP 操作环境的设置,可以利用"选项"对话框(执行菜单命令"工具"→"选项",可打开该对话框),也可以利用命令。实验时打开该对话框,仔细浏览各选项卡的内容,并设置如下选项:

- "显示"选项卡:显示状态栏、时钟。
- "常规"选项卡:替换文件时加以确认、浏览表时启动 IME 控件。
- "文件位置"选项卡:默认目录设置为软盘。
- "区域"选项卡:日期格式为"汉语"。
- "语法着色"选项卡:将前景色设置为红色。

五、VFP 的帮助系统

VFP 的帮助系统是有关 VFP 的权威资料,用户在上机过程中可随时向它请教。利用菜单命令"帮助"→"Visual FoxPro 帮助主题",可以打开如图 1-6 所示的帮助系统。实验时,请通过 VFP 的帮助系统查看如下内容:

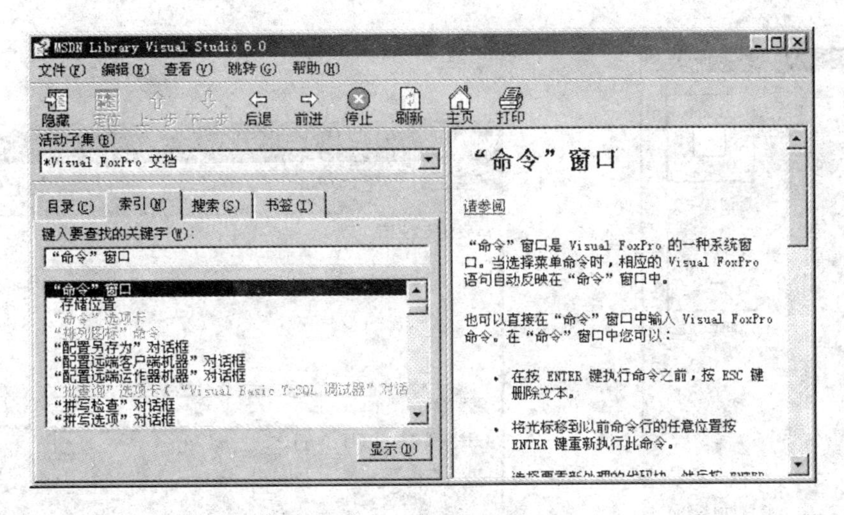

图 1-6　VFP 6.0 的帮助系统

- "命令"窗口(提示:如图 1-6 所示输入索引关键字查找)。
- SET DEFAULT TO 命令。
- SET TALK 命令。

六、创建项目文件

项目是文件、数据、文档和 Visual FoxPro 对象的集合,其保存文件带有 PJX 扩展名(及相关的备注文件 PJT)。

为了便于对所有工作文件统一管理,需要将"d:\vfp\实验 01"文件夹设置为当前默认工作文件夹,在"命令"窗口中输入并执行下列命令:

```
SET DEFAULT TO d:\vfp\实验 01
```

注:在执行上述命令时,请确保"d:\vfp\实验 01"文件夹已存在,否则需先使用以下命令创建目录:

```
MD d:\vfp
MD d:\vfp\实验 01
```

按如下步骤操作,可创建一个项目文件:

① 执行菜单命令"文件"→"新建",或单击"常用"工具栏上的"新建"按钮,出现如图 1-7 所示的"新建"对话框。

② 在"新建"对话框中选择"项目"选项后单击"新建文件"命令按钮,出现如图 1-8 所示的"创建"对话框。

③ 在"创建"对话框中选择保存在"d:\vfp\实验 01"文件夹中,输入项目文件名 jxgl,然后单击"保存"按钮。

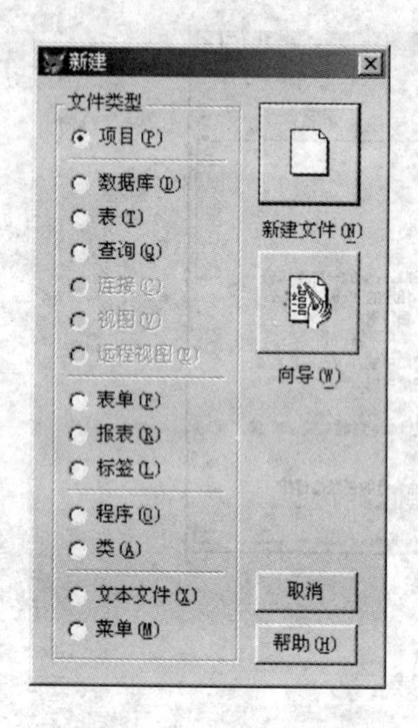

图 1-7 “新建”对话框

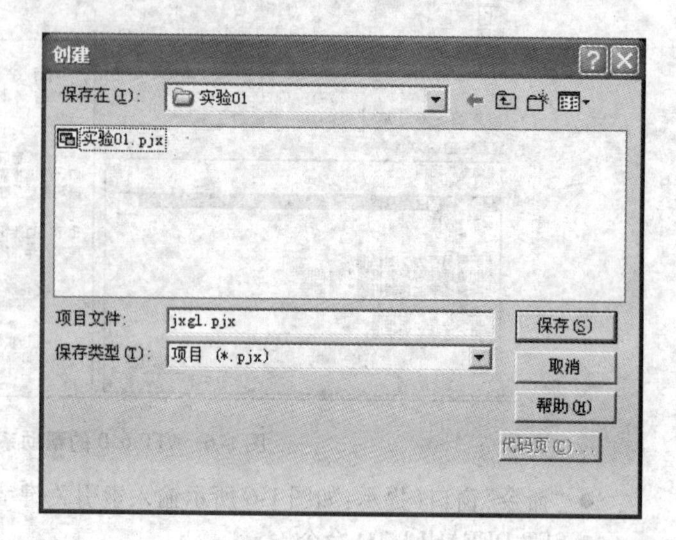

图 1-8 “创建”对话框

创建项目文件后,在 jxgl 文件夹中生成了两个文件(项目文件 jxgl. pjx 和项目备注文件 jxgl. pjt),项目以“项目管理器”窗口形式显示。

1. 项目文件的打开与关闭。

若要关闭项目文件,可单击“项目管理器”窗口中的“关闭”按钮,或该窗口处于活动状态时执行菜单命令“文件”→“关闭”。需要注意的是,在关闭“无任何内容”的项目文件(例如,前面刚新建的 jxgl)时,系统将出现如图 1-9 所示的提示框,选择“保持”按钮。

图 1-9 项目关闭提示框

对于新建的项目文件,系统自动地将其打开。对于已存在的项目文件,可按如下操作步骤打开:

① 执行菜单命令“文件”→“打开”,或单击“常用”工具栏上的“打开”按钮。

② 在出现的“打开”对话框中选择需要打开的项目文件“实验 01”,然后单击“打开”按钮。

如果被打开的项目文件其目前的存储位置与原创建时的存储位置不同(即该项目文件从其他存储位置复制或移动而来),会出现如图 1-10 所示的提示框。单击“是”按钮,则系统将打开项目文件,并自动更新所管理文件的路径。

图 1-10　项目打开提示框

2. 项目管理器的定制。

项目文件“实验 01”打开后,屏幕上出现如图 1-11 所示的“项目管理器”窗口,便于用户以可视化的方法进行各种文件的管理。该窗口包含 6 个选项卡,每个选项卡都以类似于“Windows 资源管理器”的左窗格形式管理。

(1)“项目管理器”窗口的折叠/展开。

单击“项目管理器”窗口中的“折叠”按钮(图 1-11),可以将“项目管理器”窗口变成图 1-12 形状,单击某选项卡标题,可显示相应选项卡。单击“展开”按钮,则还原成图 1-11 形状。

(2)“项目管理器”窗口的工具栏形式。

双击“项目管理器”窗口的标题栏,或将它拖放到工具栏区域,则“项目管理器”呈工具栏形状。双击“项目管理器”工具栏的空白区域或将它拖放到 VFP 主窗口中,“项目管理器”又恢复原状。

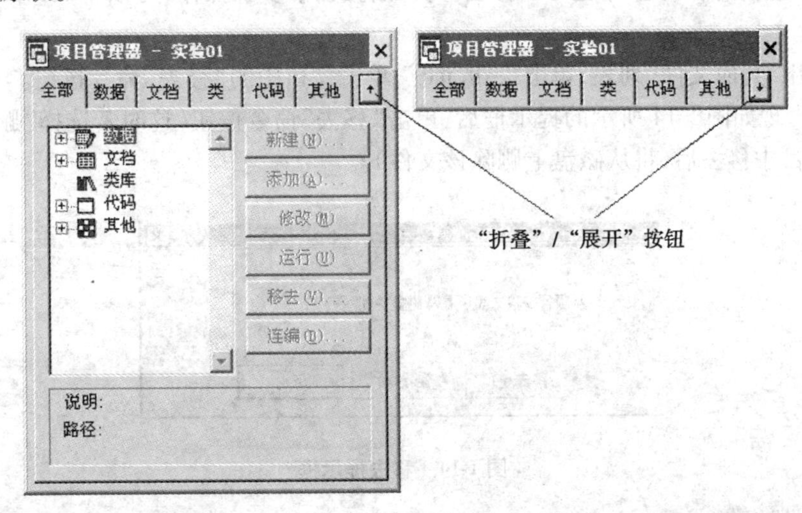

图 1-11　“项目管理器”窗口　　　　图 1-12　折叠后的“项目管理器”

(3) 选项卡。

当“项目管理器”呈工具栏形状或折叠时,可以单击某个选项卡来打开其列表,所选项的操作可以通过快捷菜单中的命令来完成。此外,还可以把选项卡从“项目管理器”中“撕”下来(利用鼠标的拖放操作)使之变为浮动在主窗口中的选项卡(图 1-13)。

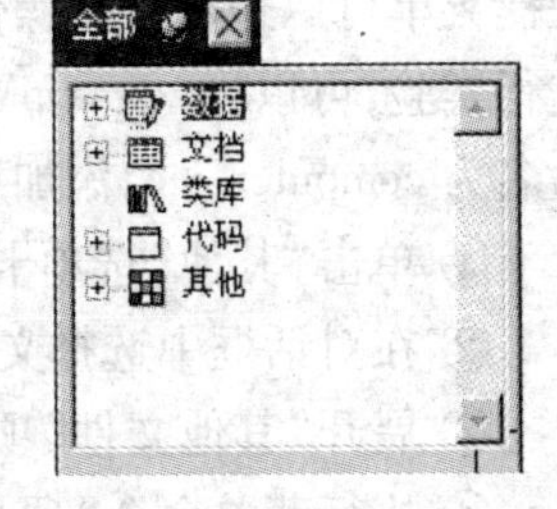

图 1-13　项目打开提示框

浮动的选项卡可以被拖动到主窗口的任何合适位置,单击其中的“图钉”按钮,可决定该选项卡是否保持在主窗口的最前端。单击“关闭”按钮,可关闭浮动选项卡。

3. 利用项目管理器管理文件。

(1) 添加文件。

通过单击“项目管理器”窗口中的“新建”按钮创建的一切对象,均会由该项目管理并在窗口中列出。对于已存在的文件,可以添加到项目中,需要注意的是,不同类型的文件应添加到不同的选项中。例如,按如下步骤操作,可将“d:\vfp\实验 01”文件夹中的两个文件添加到项目中:

① 将“项目管理器”定制成如图 1-11 所示的窗口形式。

② 依次单击“其他”选项卡、“文本文件”、“添加”命令按钮。

③ 在出现的“添加”对话框中选择 main. htm 文件,单击“确定”命令按钮。

④ 单击“其他”选项卡中的“其他文件”、“添加”命令按钮。

⑤ 在出现的对话框中选择文件类型“图标”,选择 exit. ico 文件,单击“确定”命令按钮。

从“项目管理器”窗口中可以看出,“文本文件”、“其他文件”前均出现了“ + ”标号,表示这两项均已包含了子项,单击“ + ”标号可以展开列表(其操作方法如同 Windows 资源管理器)。

(2) 移去文件。

项目中包括的项(文件)也可以移去。例如,按如下步骤操作,可以将 exit. ico 从项目中移去:

① 展开“其他文件”列表,单击“exit. ico”,单击窗口中的“移去”命令按钮。

② 在出现如图 1-14 所示的提示框后,单击“移去”命令按钮(这时若选择“删除”命令按钮,则从项目中移去后,将从磁盘上删除该文件)。

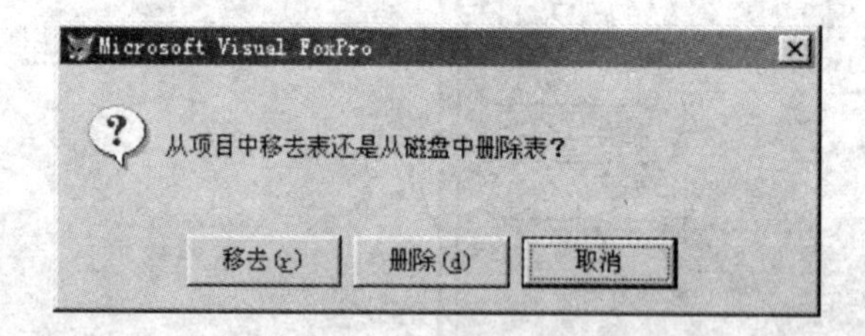

图 1-14　移去提示框

(3) 其他操作。

在“项目管理器”列表中选择某一项后,利用“项目”菜单,或单击鼠标右键,利用出现的快捷菜单可以进行一些操作,如重命名、编辑说明、排除/包含、设置主文件等。按如下步骤进行实验,可以将“d:\vfp\实验 01”文件夹中的 mac02. ico 文件添加到项目中,将该文件重命名为 computer. ico,添加编辑说明“计算机图标”。

① 单击“其他”选项卡中的“其他文件”、“添加”命令按钮。

② 在对话框中选择文件类型“图标”,选择 mac02. ico 文件,单击“确定”命令按钮。

③ 展开“其他文件”项,选择“mac02. ico”。

④ 执行菜单命令“项目”→“重命名文件”,在出现的对话框中输入文件名“computer.

ico”后单击“确定”按钮。

⑤ 执行菜单命令“项目”→“编辑说明”,在出现的对话框中输入说明信息“计算机图标”后单击“确定”按钮。这时,输入的说明信息显示在窗口中。

需要说明的是,在 VFP 中创建一个某一类型的文件后,有时会在磁盘上生成两个或两个以上的相关文件(例如,项目文件)。通过项目管理器对文件进行重命名,或移去的同时删除文件,可以同时重命名或删除相关的文件。

实验思考题

1. 如何清除“命令”窗口中以前执行的命令列表?如何改变“命令”窗口中的文本字体、字号?

2. 利用“选项”对话框进行 VFP 操作环境设置时,结束并确认已做的设置有三种操作方式: ① 单击对话框中的“确定”按钮; ② 单击对话框中的“设置为默认值”按钮后单击“确定”按钮; ③ 单击对话框中的“确定”按钮的同时按 <Shift> 键。这三种操作方式有何区别?

3. 是否可以同时打开多个项目文件?一个文件是否可以同时属于多个项目文件(即一个文件被添加到多个项目中)?

4. 通过项目管理器对文件进行改名或删除操作,与使用 Windows 资源管理器进行文件操作相比,有何优点?

第2章

Visual FoxPro 编程初步

掌握各种常量的表示、变量的赋值、常用函数的功能和使用、各种类型表达式的表示方法。

实验2　常量、变量、函数和表达式的使用

实验要求

1. 本实验建议在两课时内完成。
2. 掌握各种类型常量的表示方法。
3. 掌握变量的赋值方法。
4. 掌握常用函数的功能、格式和使用方法。
5. 掌握各种类型表达式的表示方法。

实验准备

1. 学习教材2.4节的内容。

2. 启动VFP后,关闭VFP主窗口中除“命令”窗口以外的窗口(如“项目管理器”窗口),并将“命令”窗口移动到VFP主窗口的右侧。

3. 在“命令”窗口中输入并执行命令“SET TALK OFF”。

实验内容

在实验过程中,须注意以下三点以提高操作效率:“命令”窗口中的命令可以重新利用;命令、函数中的系统关键字可仅输入前4个字符;书中注释命令(以星号开头的命令)和命令中的注释部分(以&& 开始的部分)在上机操作时不必输入。

一、常量的表示

不同数据类型的常量,在VFP中采用不同的表示法。

1. 数值型常量。

在“命令”窗口中依次输入、执行下列命令，并注意在 VFP 主窗口中查看其结果。

```
CLEAR
? 3.1415926
? 0.12345678901234567890        && 当数据位数太多时，最多存储、显示 20 字节
? 0.76E12                       && 对于特大或特小数，可以采用浮点数表示法
? 0.76E-12
```

2. 字符型常量。

在“命令”窗口中依次输入、执行下列命令，并注意在 VFP 主窗口中查看其结果。

```
CLEAR
? '苏 A-0001'                   && 界限符为单引号
? "5112613"                     && 界限符为双引号
? [VFP]                         && 界限符为方括号
? 'abcd"12"ef'                  && 界限符为单引号，双引号为字符串的组成部分
? [V 'F 'P]                     && 界限符为方括号，单引号为字符串的组成部分
```

3. 逻辑型常量。

在“命令”窗口中依次输入、执行下列命令，并注意在 VFP 主窗口中查看其结果。

```
CLEAR
? .t.                           && 逻辑常量中的字母大小写等价
? .f.
? .y.                           && 表示时可用字母.y.，但显示时为.T.
? .n.
```

4. 日期/日期时间型常量。

在“命令”窗口中依次输入、执行下列命令，并注意在 VFP 主窗口中查看其结果。

```
CLEAR
? {^2003/10/1}
? {^2003/10/1 10:11}
SET STRICTDATE TO 0             && 不进行严格的日期时间检查
? {2003/10/1}
? {2003/10/1 10:11}
SET DATE TO LONG                && 设置日期时间的显示格式
? {2003/10/1}
? {2003/10/1 10:11}
? {//}
? {//:}
```

是否进行严格的日期时间检查，可以通过 SET STRICTDATE TO 命令进行控制；日期时间的显示格式，可以通过 SET DATE TO 命令进行控制。实验时请利用帮助系统查看这两个

命令的使用方法。

二、变量的赋值

1. 简单变量。

在“命令”窗口中依次输入、执行下列命令,并注意在 VFP 主窗口中查看其结果。

```
CLEAR
cVar = 'VFP'
? cVar
? cVar, m.cVar, m -> cVar        && 简单变量的两种赋值方法、三种访问方式
? TYPE("cVar")                   && 测试变量“cVar”的数据类型,结果为“C”表示
                                    字符型
cVar = 3                         && 同一个变量,可以改变所赋值的数据类型
? cVar, TYPE("cVar")
STORE 1 TO nVar1,nVar2           && 对多个变量赋同一个值
? nVar1,nVar2
cVar = nVar1                     && 将变量 nVar1 的值赋给变量 cVar
? cVar, nVar1,nVar2
```

2. 数组。

在“命令”窗口中依次输入、执行下列命令,并注意在 VFP 主窗口中查看其结果。

```
****** 下列示例主要说明:各数组元素的值的情况
CLEAR
DIMENSION abc[3]                 && 定义一个有 3 个数组元素的一维数组 abc
? abc[1], abc[2], abc[3]         && 数组各元素的初始值为.F.
DISPLAY MEMORY LIKE abc          && 该命令显示名为 abc 的变量(为数组时,显示
                                    各数组元素)
abc[2] = 2                       && 给数组元素 abc[2]赋值
abc[1] = 1                       && 给数组元素 abc[1]赋值
?abc, abc[1], abc[2], abc[3]     && 数组的值等于第 1 个元素的值
abc = 10                         && 给整个数组元素赋值
DISPLAY MEMORY LIKE abc
**** 下列示例主要说明:对已存在的数组再次定义,原数组元素的值会被继承
DIMENSION abc[5]                 && 定义一个有 5 个数组元素的一维数组 abc
DISPLAY MEMORY LIKE abc          && 从结果可看出,再次定义数组 abc,则为对原数
                                    组的扩展
DIMENSION abc[2]
DISPLAY MEMORY LIKE abc
****** 下列示例主要说明:二维数组可以作为一维数组使用
CLEAR
DIMENSION sample[2,3]
```

```
STORE 'Goodbye' TO sample[1,2]
? sample[1,2], sample[2],      && sample[1,2]与 sample[2]等价
STORE 'Hello' TO sample(2,2)
? sample[2,2], sample[5]       && sample[2,2]与 sample[5]等价
STORE 99 TO sample[6]
? sample[2,3], sample[6]       && sample[2,3]与 sample[6]等价
STORE .T. TO sample[1]
? sample[1,1], sample[1]       && sample[1,1]与 sample[1]等价
DISPLAY MEMORY LIKE sample
****** 下列示例主要说明:即使维数不同,对已存在的数组再次定义,原数组元
        素的值也会被继承
DIMENSION marrayone[4]
STORE 'E' TO marrayone[1]
STORE 'F' TO marrayone[2]
STORE 'G' TO marrayone[3]
STORE 'H' TO marrayone[4]
CLEAR
DISPLAY MEMORY LIKE marrayone
DIMENSION marrayone[2,3]
DISPLAY MEMORY LIKE marrayone
```

三、常用函数

在下列要求的实验基础上,对于部分函数的功能、格式等说明信息,可以通过帮助系统进一步查看。

1. 数值函数。

常用的数值函数有 ABS( )、MAX( )、MIN( )、INT( )、MOD( )、ROUND( )等。在“命令”窗口中依次输入、执行下列命令,并注意在 VFP 主窗口中查看其结果。

```
****** ABS( )函数:求绝对值
? ABS( -45)                    && 显示 45
? ABS(10 -30)                  && 显示 20
? ABS(30 -10)                  && 显示 20
STORE 40 TO x
STORE 2 TO y
? ABS(y -x)                    && 显示 38
****** MAX( )函数:求最大值(可以对各种同类型数据进行比较)
? MAX( -45,2,22, -22)          && 显示 22
? MAX('a','b')                 && 对字符型数据,是字符串的大小比较,显示 b
SET COLLATE TO "PINYIN"        && 设置按“拼音”方式排序
```

```
? MAX('a','A')                    && 显示 A
SET COLLATE TO "Machine"          && 设置按"字符机器内码"方式排序
? MAX('a','A')                    && 显示 a
? MAX(.t.,.f.)                    && 显示.t.
? MAX({^2003-11-11},{^2002-11-11})
? MAX(2,'a')                      && 出错,不同数据类型不能比较
****** MIN()函数:求最小值(可以对各种同类型数据进行比较)
? MIN(-45,2,22,-22)               && 显示 -45
? MIN('a','A')                    && 显示 a
****** INT()函数:取整
? INT(12.1)                       && 显示 12
? INT(12.9)                       && 显示 12
? INT(-12.9)                      && 显示 -12
****** MOD()函数:取模
? MOD(36,10)                      && 显示6
? MOD(36, 9)                      && 显示0
? MOD(25.250,5.0)                 && 显示0.250
? MOD(23,-5)                      && 注意这种情况:显示-2,而不是3或-3
? MOD(-23,5)                      && 显示2
? MOD(-23,-5)                     && 显示-3
****** ROUND()函数:求余数
SET DECIMALS TO 4                 && 小数位为4位
SET FIXED ON                      && 固定显示小数位
? ROUND(1234.1962, 3)             && 显示 1234.1960
? ROUND(1234.1962, 2)             && 显示 1234.2000
? ROUND(1234.1962, 0)             && 显示 1234.0000
? ROUND(1234.1962, -1)            && 显示 1230.0000
? ROUND(1234.1962, -2)            && 显示 1200.0000
? ROUND(1234.1962, -3)            && 显示 1000.0000
******SQRT()函数:求平方根
? SQRT(4)                         && 显示 2.0000
? SQRT(2)
SET DECIMALS TO 2                 && 小数位为2位
? SQRT(2)
****** RAND()函数:产生随机数
? RAND()                          && 显示一个0~1之间的数值
? RAND()                          && 显示值通常与上一次不同
? RAND()
SET DECIMALS TO 6                 && 小数位为6位
```

```
? RAND()
? RAND()
```

2. 字符函数。

常用的字符函数有 ALLTRIM()、TRIM()、LEN()、AT()、SUBSTR()、LEFT()、RIGHT()、SPACE()等。在"命令"窗口中依次输入、执行下列命令,并注意在 VFP 主窗口中查看其结果。

```
CLEAR
****** ALLTRIM() 函数:截除字符串的前后空格
cVar="  VFP      "           && 前有2个空格、后有6个空格
? ALLTRIM(cVar)              && 显示"VFP"
****** TRIM() 函数:截除字符串末尾的空格
? TRIM(cVar)                 && 显示"  VFP",与上一命令显示结果的位置有别
****** LEN() 函数:求字符串的长度
? LEN("VFP 实验")            && 显示7(每个汉字的长度为2)
? LEN(cVar)                  && 显示11(8个空格和3个字母)
? LEN(ALLTRIM(cVar))         && 显示3
? LEN(TRIM(cVar))            && 显示5
****** AT() 函数:求子字符串首次出现的位置
cString='Visual FoxPro 6.0'
cScarch='Fox'
? AT(cScarch,cString)        && 显示8
cScarch='fox'
? AT(cScarch,cString)        && 显示0,因为字符串区分大小写
? ATC(cScarch,cString)       && 显示8,ATC函数不区分大小写
****** SUBSTR() 函数:取子字符串(简称"子串")
STORE 'abcdefghijklm' TO mystring
? SUBSTR(mystring, 1, 5)     && 显示"abcde"
? SUBS(mystring, 4, 4)       && 显示"defg"
? SUBS(mystring, 6)          && 显示"fghijklm"(注意无长度说明)
? SUBS('实验', 3, 2)         && 显示"验"(每个汉字的长度为2)
? SUBS('实验', 3, 1)         && 显示乱码(半个汉字)
****** LEFT() 函数:从左边取子串
? LEFT('Redmond, WA', 2)     && 显示 Re
? LEFT('实验', 2)            && 显示"实"
***** RIGHT() 函数:从右边取子串
? RIGHT('Redmond, WA', 2)    && 显示 WA
***** SPACE() 函数:产生指定长度的空格字符串
? SPACE(8)                   && 从屏幕上看,无显示
```

```
? 'a' + SPACE(8) + 'b'            && a与b之间有8个空格
? LEN('a' + SPACE(8) + 'b')       && 显示10
```

3. 日期/时间函数。

常用的日期/时间函数有 DATE( )、DATETIME( )、DOW( )、DAY( )、MONTH( )、YEAR( )、TIME( )等。在"命令"窗口中依次输入、执行下列命令,并注意在 VFP 主窗口中查看其结果。

```
CLEAR
SET DATE TO ANSI
? DATE( )                         && 显示当前系统日期
? TIME( )                         && 显示当前系统时间
? DATETIME( )                     && 显示当前系统日期和时间
SET DATE TO LONG
? DATE( )
? TIME( )                         && 显示当前系统时间
? DATETIME( )
? DOW(DATE( ))                    && 显示一个星期中的第几天(1——星期日)
? DAY(DATE( ))                    && 显示日
? MONTH(DATE( ))                  && 显示月
? YEAR(DATE( ))                   && 显示年
```

4. 数据类型转换函数。

常用的数据类型转换函数有 ASC( )、CHR( )、VAL( )、DTOC( )、CTOD( )、STR( )等。在"命令"窗口中依次输入、执行下列命令,并注意在 VFP 主窗口中查看其结果。

```
***** ASC() 函数:求首字符的ASCII码值
? ASC('ABCD')                     && 显示字母A的ASCII码值65
? ASC('8')                        && 显示字符8的ASCII码值56
? ASC('啊')                       && 对汉字字符,则显示其机内码的十进制数表示
***** CHR() 函数:由ASCII码值求字符
? CHR(66)                         && 显示字符B
? CHR(57)                         && 显示字符9
? CHR(1000)                       && 出现错误提示框,因为无对应字符
***** VAL() 函数:字符型转换为数值型
SET DECI TO 2                     && 设置显示2位有效小数位
STORE '12' TO A
STORE '13' TO B
? A + B                           && 显示"1213"字符串
? VAL(A) + VAL(B)                 && 显示25.00
? VAL('2E3')                      && 显示2000.00号(系统识别出为浮点数表示)
? VAL('aaa')                      && 显示0.00
```

```
? VAL('23aaa')                && 显示 23.00
***** DTOC() 函数:日期型转换为字符型
SET DATE TO ANSI
STORE {^1995/10/31 10:34} TO gd
? DTOC(gd)                    && 显示字符串 1995.10.31
? DTOC(gd,1)                  && 显示紧缩日期字符串 19951031
SET DATE TO LONG
? DTOC(DATE())
? DTOC(DATE(),1)
***** CTOD() 函数:字符型转换为日期型
STORE '7/4/1978' TO cDate
? CTOD(cDate)
STORE CTOD('^2101/12/15') TO dd
? dd
? TYPE("dd")                  && 显示 D,表示变量 dd 是日期数据类型
*****STR() 函数:数值型转换为字符型
? STR(314.15)                 && 返回"       314",没有指定宽度和小数位
                                 数,默认宽度取 10
? LEN(STR(314.15))
? STR(314.15,5)               && 返回"  314",宽度 5,没有指定小数位数,前导
                                 2 个空格
? STR(314.15,5,2)             && 返回"314.2",宽度 5,小数位数 2,宽度不够,首
                                 先保证整数
? STR(314.15,2)               && 返回"***",宽度为 2,小于整数部分宽度,
                                 溢出
? STR(1234567890123,13)
? STR(1234567890123)          && 未指定长度且长度超过 10,所以返回"1.234E
                                 +12"
```

5. 其他常用函数。

其他常用函数有 BETWEEN()、INKEY()、TYPE()、IIF()、DISKSPACE()、FILE()、MESSAGEBOX()、GETFILE()等。在"命令"窗口中依次输入、执行下列命令,并注意在 VFP 主窗口中查看其结果。

```
***** BETWEEN()函数: 判断一个值是否在某个范围内
? BETWEEN(1, 3, 15)           && 显示.F.,1 不在 3~15 之间
? BETWEEN(3, 3, 15)           && 显示.T.,3 在 3~15 之间
? BETWEEN('d', 'a', 'f')      && 显示.T.,'d'在'a'~'f'之间
SET COLLATE TO "Machine"      && 设置按"字符机器内码"方式排序
? BETWEEN('D', 'a', 'f')      && 显示.F.,D 的内码 68 比 a 的内码 97 小
SET COLLATE TO "PINYIN"       && 设置按"拼音"方式排序
```

```
? BETWEEN('D', 'a', 'f')          && 显示.T.
? BETWEEN(DATE(),{^2001/12/15},{^2101/12/15})
*****INKEY()函数：显示键盘缓冲区中第一个字符的ASCII码/内码
? INKEY(20)                       && 在20秒内按回车键,则显示13
? INKEY(0)                        && 按空格键,则显示32
? INKEY(0)                        && 输入字母a(小写),则显示97
***** TYPE() 函数：显示值的类型(注意参数要加引号)
? TYPE('12')                      && 显示 N
? TYPE('"12"')                    && 显示 C
? TYPE('DATE( )')                 && 显示D
? TYPE('.F. ')                    && 显示L
? TYPE('aaa')                     && 未申明或赋值的变量,显示 U(不确定)
***** IIF()函数：称为条件函数,根据逻辑表达式的值返回两个值中的一个
? IIF(DOW(DATE())=1 OR DOW(DATE())=7, '今天休息', '今天上班')
                                  && 星期日、星期六休息
? IIF(DAY(DATE())=1,'今天可能为元旦','今天不可能是元旦')
***** DISKSPACE()函数：默认磁盘驱动器上可用的字节数
SET  DEFAULT  TO  a:              && 命令执行前将软盘插入到软盘驱动器中
? DISKSPACE()                     && 显示软盘a中可用的磁盘空间(以字节为单位)
SET  DEFAULT  TO  c:
? DISKSPACE()/1024/1024           && 显示硬盘c中可用的磁盘空间(单位为MB)
***** FILE()函数：测试是否存在指定的文件
? FILE('c:\config.sys')           && 测试c盘上是否存在config.sys文件
? FILE('a:\data\js.dbf')          && 测试软盘的data文件夹中是否存在js.dbf文件
DIR *.*                           && 显示当前目录,然后找一个文件测试FILE()
                                     函数
***** MESSAGEBOX()函数：显示一个用户自定义对话框(提示框)
cTitle='我的应用程序'
cText='是否重试?'
nType=4+32+256                    && "是/否"按钮;问号图标;第二个按钮为默认
nAnswer=MESSAGEBOX(cText, nType, cTitle)
? nAnswer
***** GETFILE()函数：选文件
gcTable=GETFILE('*.*','输入文件名')
? gcTable
```

四、表达式

表达式是通过运算符将常量、变量、函数、字段名等组合起来可以运算的式子,其求值结果为单个值。根据VFP所提供的运算符,表达式可分为算术表达式、字符表达式、日期表达

式、关系表达式、逻辑表达式和名称表达式等。在“命令”窗口中依次输入、执行下列命令，并注意在VFP主窗口中查看其结果。

```
*****字符表达式示例(注意字符串运算符+、-、$的区别)
STORE 'Visual FoxPro' TO cString
? '字符串' + cString + '的长度为:' + ALLTRIM(STR(LEN(cString)))
                                        && 由加号连接的表达式
cString1 = 'Mircosoft' + SPACE(4)
cString2 = 'Intel' + SPACE(4)
cString3 = cString1 + cString2
cString4 = cString1 - cString2
? cString3, LEN(cString3),LEN(TRIM(cString3))
                                        && cString3 的中间、末尾各有4个空格
? cString4,LEN(cString4),LEN(TRIM(cString4))
                                        && cString4 的末尾有8个空格
? CHR(56)$'ABC'                         && 运算结果为逻辑值
*****日期/时间表达式示例(运算结果为日期/时间,或为数值)
? DATE() +100                           && 结果为日期(加100天)
? DATETIME() +100                       && 结果为日期时间(加100秒)
? TIME() +100                           && 系统报错
? DATE() - {^1999 -02 -21}              && 结果为数值(相差的天数)
*****算术表达式示例
STORE 24 TO x
? 9 * x^3 +7 * x^2 +11 * x +89          && 计算9x³+7x²+11x+89的值
? (125 -17)/ 125^(1/3)                  && 计算(125-17)/∛125的值,求平方根时可用
                                           SQRT()函数
*****关系表达式示例(侧重于字符串的比较)
SET COLLATE TO "Machine"                && 设置字符序列(机内码)
? "A" <"B", "a" <"A", SPACE(1) <"A"
                                        && 显示.T.、.F.、.T.
SET COLLATE TO "PinYin"                 && 设置字符序列(拼音)
? "A" <"B", "a" <"A", SPACE(1) <"A"     && 显示.T.、.T.、.T.
SET EXACT ON
? "BCDE" ="BC"                          && 返回值为.F.
? "BC" ="BCDE"                          && 返回值为.F.
? "BC  " ="BC"                          && 返回值为.T.
? "BC" ="BC  "                          && 返回值为.T.
? "BCDE" ="BCDE"                        && 返回值为.T.
SET EXACT OFF
```

```
? "BCDE" = "BC"                          && 返回值为.T.
? "BC" = "BCDE"                          && 返回值为.F.
? "BC  " = "BC"                          && 返回值为.T.
? "BC" = "BC    "                        && 返回值为.F.
? "BCDE" = "BCDE"                        && 返回值为.T.
*****逻辑表达式示例
? .T. AND .F.
? .T. OR .F.
? NOT .F.
? 9 > 8 AND 'a' > 'A' OR FILE('c:\windows\win.com')
*****名称表达式与宏替换示例
nVar = 100
var_name = "nVar"
STORE 123.4 TO (var_name)                && 等价于 STORE 123.4 TO nVar 命令
? nVar                                   && 结果为 123.4
string1 = "Visual FoxPro"
str_var = "string1"
? SUBSTR((str_var),1,6)                  && 等价于 SUBSTR(str_var,1,6)命令取子
                                            串,显示 Visual
STORE 123.4 TO &var_name                 && 等价于 STORE 123.4 TO nVar 命令
var_name = "cVar3"
&var_name = "test2"                      && 能正确赋值
(var_name) = "test2"                     && 出错,不能赋值
STORE "test1" TO (var_name)              && 能正确赋值
? &var_name                              && 显示的是变量 cVar3 的值
? (var_name)                             && 显示的是"cVar3",而非变量 cVar3 的值
```

实验思考题

1. 在进行字符串比较时,比较结果受 SET EXACT、SET COLLATE 命令设置的影响。在 VFP 启动后,其默认设置是什么? 如何更改这些默认设置?

2. 在以上实验的函数中,哪个函数的参数中既可以有逻辑表达式,又可以有字符表达式、算术表达式、日期表达式等? 举例说明。

3. LEFT()和 RIGHT()函数的功能可以由 SUBSTR()函数来完成。试将 LEFT("Visual FoxPro",6)和 RIGHT("Visual FoxPro",6)改写为 SUBSTR()函数形式。

4. 从上述实验可以总结出:MOD()函数的运算结果,其符号位与函数的第二个参数相同;当两个参数的符号位相同时,结果的绝对值为两个参数相除的余数。当两个参数的符号位不同时,其结果的绝对值是什么?

5. 在设计应用程序的过程中,MESSAGEBOX()函数是一个常用函数。试自己设计一

个实验,要求产生如图 2-1 所示的提示框。

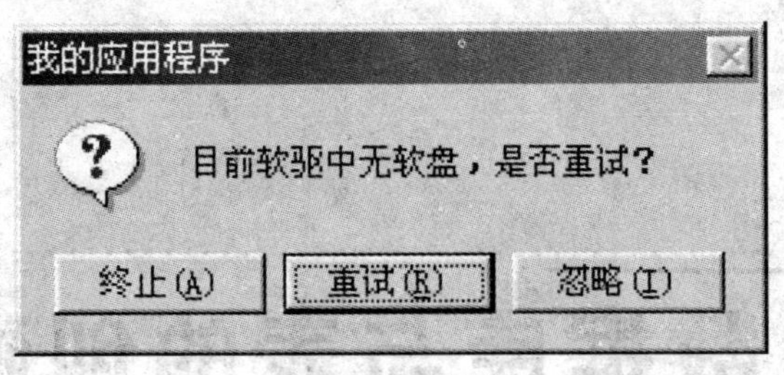

图 2-1　提示框

6. 在字符串处理过程中,UPPER( )函数和 LOWER( )函数也是常用的函数。请通过帮助系统学习这两个函数的功能和使用方式。

第3章

数据库与表的创建和使用

本章实验的总体要求是：掌握数据库与表的创建和使用，主要包括表结构的创建、记录的输入、记录的维护、表的索引等。本章的实验分为4个，建议实验课时数为8。

实验3　数据库与表的创建

实验要求

1. 本实验建议在两课时内完成。
2. 掌握创建和使用数据库的基本方法。
3. 掌握使用表设计器和CREATE TABLE-SQL命令创建表的方法。
4. 掌握使用表设计器和ALTER TABLE-SQL命令修改表结构的方法。

实验准备

1. 学习教材3.2和3.3节的内容。
2. 启动VFP软件，设置默认工作文件夹为“d:\vfp\实验03”。
3. 打开工作文件夹中的项目文件“实验03”。

实验内容

一、数据库的创建

1. 利用项目管理器创建数据库。

按下列步骤进行实验，学习利用项目管理器创建数据库的方法。

① 基于“项目管理器”窗口进行操作：依次单击“数据”选项卡、“数据库”选项、“新建”命令按钮。

② 在出现“新建数据库”对话框后，单击该对话框中的“新建数据库”命令按钮。

③ 在出现“创建”对话框后，输入数据库名“jxsj”（即保存该数据库的文件名），单击“保存”命令按钮，这时 VFP 主窗口中显示“数据库设计器”窗口。

④ 关闭“数据库设计器”窗口（注意：不是关闭 VFP 主窗口）。

从“项目管理器”窗口中单击“数据库”选项前的加号（“+”）可以看出，目前项目中已含有数据库 jxsj。利用 Windows 资源管理器查看工作文件夹可以发现，其中生成了三个文件：jxsj. dbc、jxsj. dct 和 jxsj. dcx。

2. 利用命令创建数据库。

在“命令”窗口中输入并执行下列命令，可以创建一个名为 glsj 的数据库：

```
CREATE DATABASE glsj
```

上述命令同样会在工作文件夹中生成三个文件，但创建的数据库不会自动地包含在项目文件中（即不会自动地在“项目管理器”窗口中出现），且不会自动地打开“数据库设计器”窗口，通过项目的“添加”操作可以将新建的 glsj 数据库添加到项目中。

二、数据库的打开与关闭

在创建、修改数据库时，系统会自动地打开数据库，当前打开的数据库可以从“常用”工具栏上看到（工具栏上的一个下拉列表框）。在“命令”窗口中依次输入并执行下列命令，在每条命令执行后注意“常用”工具栏上下拉列表框中显示的内容（工作文件夹中已存在三个数据库 sjk、sjk1 和 sjk2）。

```
CLOSE DATABASE ALL                    && 关闭所有数据库
OPEN DATABASE sjk                     && 打开数据库 sjk
OPEN DATABASE sjk1                    && 打开数据库 sjk1
OPEN DATABASE sjk2                    && 打开数据库 sjk2
SET DATABASE TO sjk1                  && 设置当前数据库为 sjk1
CLOSE DATABASE                        && 关闭当前数据库 sjk1
SET DATABASE TO sjk2                  && 设置当前数据库为 sjk2
CLOSE DATABASE ALL                    && 关闭所有打开的数据库
SET DATABASE TO sjk                   && 系统出现错误提示
```

数据库也可以从“项目管理器”中打开和关闭。在“项目管理器”中，选中一个数据库，若该数据库处于关闭状态，则“项目管理器”的命令按钮中有一个“打开”按钮，单击它可以打开该数据库。若数据库处于打开状态，则会有一个“关闭”按钮，单击它可以关闭该数据库。

三、创建数据库表

1. 使用表设计器创建表。

按下列步骤进行实验，以学习通过界面操作创建数据库表的方法。

① 基于“项目管理器”窗口进行操作：展开数据库下的“sjk”选项，单击“sjk”选项下的“表”选项，单击“新建”命令按钮。

② 在出现“新建表”对话框后，单击该对话框中的“新建表”命令按钮。

③ 在出现“创建”对话框后，输入表名“yxzy”（即保存该表的文件名），注意文件夹是否

是在当前工作文件夹“d:\vfp\实验 03”,如果不在,请选择到该文件夹,单击“保存”命令按钮。

④ 在出现的“表设计器”对话框中,按图 3-1 所示的内容输入表结构定义信息。

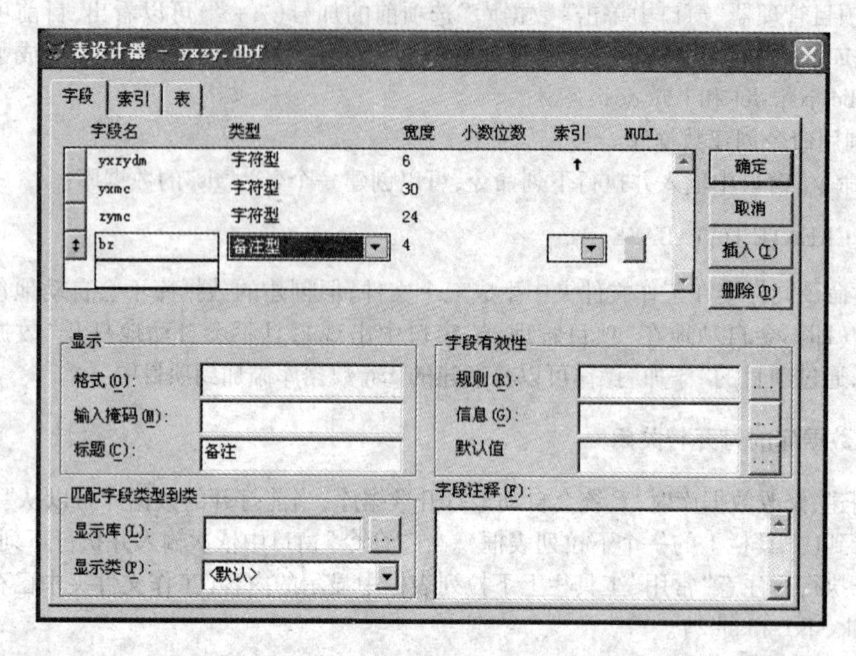

图 3-1 “表设计器”对话框

⑤ 确认表结构定义信息已输入且正确后,单击“确定”命令按钮。

⑥ 在出现“现在输入数据吗?”提示框时,单击“否”命令按钮。

⑦ 这时,从“项目管理器”窗口看,数据库 sjk 的表目录下出现了 yxzy 表,单击 yxzy 前的加号可以查看该表所包含的字段(名),如图 3-2 所示。

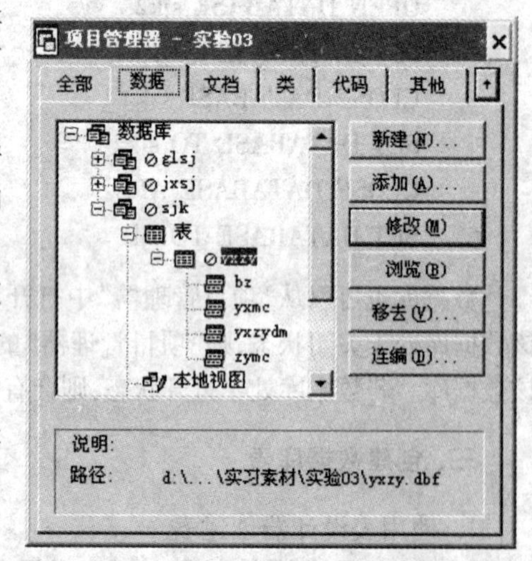

图 3-2 “项目管理器”中的数据库表

⑧ 利用 Windows 资源管理器查看工作文件夹中的文件,可以发现软盘上生成了 yxzy.dbf 和 yxzy.fpt 文件。

数据库表的扩展属性的修改与删除,可以在表设计器中进行,也可以利用命令进行。请自行实验。

2. 利用 CREATE TABLE SQL 命令创建表结构。

利用 CREATE TABLE SQL 命令可以“快速”地创建一个表结构。在“命令”窗口中,输入并执行如下命令:

```
CREATE TABLE cj(xh C(8), kcdh C(4), cj N(5,1), bz M)          && 创建cj表
```

上述命令创建的 cj 表有 4 个字段,字段名分别为 xh、kcdh、cj 和 bz,类型分别为字符型、字段型、数值型和备注型,字段宽度分别为 8、4、5(整数 3 位、小数 1 位)和 4(系统默认)。

利用 CREATE TABLE 命令创建的表自动地包含在当前打开的数据库中。

四、修改表结构

1. 利用表设计器修改表结构。

在 sjk 数据库中有一个 kc 表(课程表)。按下列步骤进行实验,以利用表设计器修改 kc 表的结构。

① 在“项目管理器”窗口中,选中 sjk 数据库中的 kc 表项后单击“修改”命令按钮,或双击“kc”表项。

② 在出现的“表设计器”对话框中修改表结构定义信息:要求添加 1 个字段名为 zp、类型为“通用型”的字段,将 kcdm 字段的宽度改为 8,将 lx 字段删除。

③ 确认表结构定义信息已修改且正确后,单击“确定”命令按钮。

④ 在出现“结构更改为永久性更改?”提示框时,单击“是”命令按钮。

这时查看工作文件夹中的文件可以发现,工作文件夹中有一个名为 kc. bak 的备份文件(kc 表修改前无该备份文件)。备份文件(扩展名为. bak)是当前文件的上一个“版本”。在 VFP 中,许多文件被修改并保存后,都会出现相应的备份文件。在需要时,可以将备份文件改名(并修改扩展名)以找回修改前的文件。

2. 利用 ALTER TABLE-SQL 命令修改表结构。

利用 ALTER TABLE-SQL 命令可以“快速”地修改表结构。在“项目管理器”窗口中有一个 tjb 表(体检表),按下列步骤进行实验以利用表设计器修改 tjb 表的结构。

① 在“项目管理器”窗口中,选中“tjb”表项后单击其前面的加号(+),可以看出该表目前有 4 个字段(字段名分别为 gh、xm、sg 和 bz)。

② 在“命令”窗口中输入并执行如下命令(每条命令执行后从“项目管理器”窗口中查看 tjb 表的字段情况):

```
ALTER TABLE tjb ADD COLUMN tz N(3)              && 添加一个 tz 字段(数值型、宽度4)
ALTER TABLE tjb DROP COLUMN bz                  && 删除 bz 字段
ALTER TABLE tjb RENAME COLUMN gh to bh          && 将 gh 字段的字段名改为 bh
ALTER TABLE tjb  ALTER COLUMN tz N(5,1)         && 将 tz 字段的宽度改为 5、1 位小数位
```

五、表的打开与关闭

按以下步骤实验,以学习表的打开与关闭操作。

① 单击“常用”工具栏上的“数据工作期窗口”按钮 ,以打开“数据工作期”窗口(从该窗口中可以看出,前面创建的 yxzy 表处于打开状态)。

② 在“命令”窗口中依次输入和执行下列命令,每条命令执行后注意观察“数据工作期”窗口中的变化:

```
CLOSE TABLES ALL          && 关闭所有打开的表,并将当前工作区设置为 1
? SELECT( )               && 查看当前工作区号,主窗口屏幕显示 1
```

```
USE js                                && 在当前工作区(区号为1)中打开js表
USE xim                               && 在当前工作区(区号为1)中打开xim表
                                         (js表自动被关闭)
USE xim ALIAS ximing                  && 在当前工作区(区号为1)中打开xim表,
                                         且别名为ximing
USE js IN 0                           && 在当前未使用的最小工作区(区号为2)
                                         中打开js表
USE js AGAIN IN 0                     && 在当前未使用的最小工作区(区号为3)
                                         中再次打开js表
USE js ALIAS jiaoshi AGAIN IN 0       && 在工作区4中再次打开js表,别名
                                         为jiaoshi
USE                                   && 关闭当前工作区中打开的xim表(别名为
                                         ximing)
USE IN 4                              && 关闭工作区4中打开的表
SELECT C                              && 选择别名为C的工作区(即第3工作区)
                                         作为当前工作区
USE                                   && 关闭当前工作区中打开的表
CLOSE TABLES ALL                      && 关闭所有打开的表
```

③ 利用项目管理器分别浏览js表和xim表(从“数据工作期”窗口可以看出,js表和xim表分别在不同的工作区中自动打开)。

④ 在“数据工作期”窗口中选择表名“js”,单击该窗口中的“关闭”命令按钮。

六、数据库与表之间的关系操作

1. 数据库中表的移进和移出操作。

按以下步骤操作:

① 在“项目管理器”窗口中,选中sjk数据库中的js表,单击“移去”按钮(图3-3),出现确认对话框,单击对话框中的“是”按钮(图3-4)。此时,从Windows的“资源管理器”窗口中查看工作文件夹可以看到,js表文件仍然存在,只是它已不再属于sjk数据库(称为自由表)。

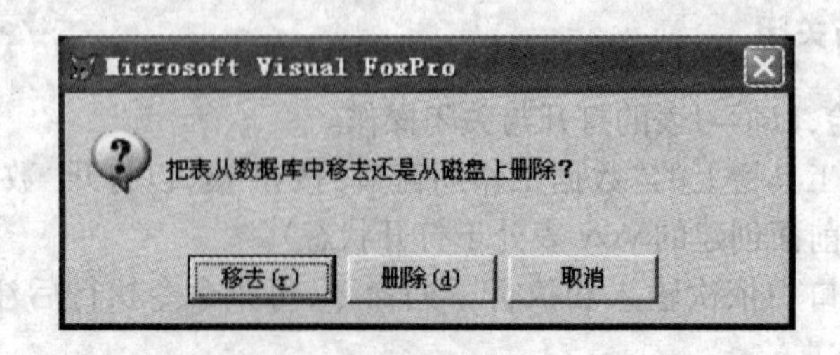

图3-3 从数据库中移去表时的确认对话框

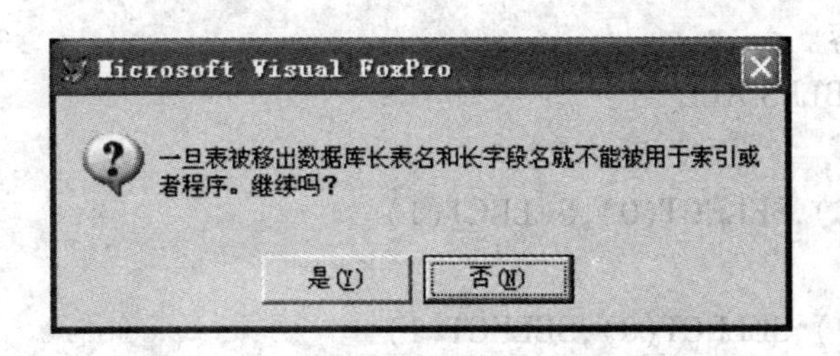

图3-4　从数据库中移去表时的确认对话框

② 在"项目管理器"中，展开新创建的jxsj数据库目录树，选择"表"，单击"添加"按钮，出现"打开"对话框，选择js表文件，单击对话框中的"确定"按钮。此时可以看到js表已显示在jxsj数据库中。

2. 检验一个表只能属于一个数据库。

经上述操作，js表已经从sjk数据库中移出，并添加到了jxsj数据库中。再次在sjk数据中尝试添加js表，此时，系统会弹出一个对话框，提示："不能加入这个表，它属于数据库d:\vfp\实验03\jxsj.dbc。"

3. 表与数据库的打开、关闭时的相互影响。

关闭"项目管理器"窗口，打开"数据工作期"窗口，并在"命令"窗口中依次输入和执行下列命令，检查相关的数据库和表的打开和关闭情况。

```
CLOSE DATABASE ALL          && 关闭所有打开的数据库
CLOSE TABLES ALL            && 关闭所有打开的表
OPEN DATABASE sjk           && 打开数据sjk，查看"数据库工作期"窗口，没
                               有表随之打开
? DBUSED("sjk")             && 测试sjk数据库是否打开，显示.T.，表示sjk
                               数据库已打开
USE xim                     && 打开xim表
? USED("xim")               && 测试xim表是否打开，显示.T.，表示xim表
                               已打开

CLOSE DATABASE sjk          && 关闭sjk数据库，查看"数据库工作期"窗口，
                               xim表随之关闭
? DBUSED("sjk")             && 显示.F.，表示sjk数据库已关闭
? USED("xim")               && 显示.F.，xim表已关闭，说明关闭数据库会
                               同时关闭数据库中的表
USE xim                     && 重新打开xim表
? DBUSED("sjk")             && 显示.T.，sjk数据库已打开，说明打开数据库
                               表会自动打开数据库
```

七、有关数据库和表操作的常用函数

在"命令"窗口中依次输入并执行下列命令，每条"?"命令执行后，注意查看、分析VFP

主窗口中显示的内容。

```
CLOSE TABLES ALL
CLEAR
? SELECT(),SELECT(0),SELECT(1)
USE xs
? SELECT(),SELECT(0),SELECT(1)
SELECT 3
USE js
? SELECT(),SELECT(0),SELECT(1)
? USED('xs'), USED('js'), USED('gzb')
? ALIAS(),ALIAS(1),ALIAS(2),ALIAS(3)
? FIELD(1), FIELD(2), FIELD(3)
? FCOUNT(),FCOUNT(1), FCOUNT(2), FCOUNT(3)
```

实验思考题

1. 在“有打开的数据库”和“没有打开的数据库”两种情况下，使用 CREATE TABLE-SQL 命令创建表会有怎样的差别？

2. 一个表属于某个数据库，由于不小心，数据库文件被删除了，这个表还能打开吗？如何将这个表重新加入到另一个数据库中？

3. 一个数据库是否可以同时属于两个项目？一个表是否可以同时属于两个数据库？请通过实验验证。

4. 在“命令”窗口中依次输入和执行下列命令，通过观察“数据工作期”窗口中的变化，总结出表别名的创建规律。

```
CLOSE TABLES ALL
USE js
USE js AGAIN IN 4
USE js AGAIN IN 10
USE js AGAIN IN 11
USE js AGAIN IN 20
USE js ALIAS teacher AGAIN IN 0
```

实验 4　表数据的处理

实验要求

1. 本实验建议在两课时内完成。

2. 掌握表的浏览及定制方法。

3. 掌握在浏览窗口中表记录的插入、修改和删除的操作方法。

4. 掌握表记录插入、修改和删除的 SQL 命令(INSERT、UPDATE 和 DELETE)。

实验准备

1. 学习教材 3.3.5 小节的内容。

2. 启动 VFP 软件,设置默认工作文件夹为"d:\vfp\实验 04"。

3. 打开工作文件夹中的项目文件"实验 04"。

实验内容

一、表的浏览、字段筛选和记录筛选

1. 通过界面操作。

按以下步骤实验,以学习表的浏览、字段筛选和记录筛选。

① 在"命令"窗口中输入并执行命令,以关闭当前可能打开的所有的表。

```
CLOSE TABLES   ALL
```

② 在"项目管理器"窗口中选择 js 表,单击"浏览"命令按钮。

③ 执行菜单命令"表"→"属性",打开如图 4-1 所示的"工作区属性"对话框。

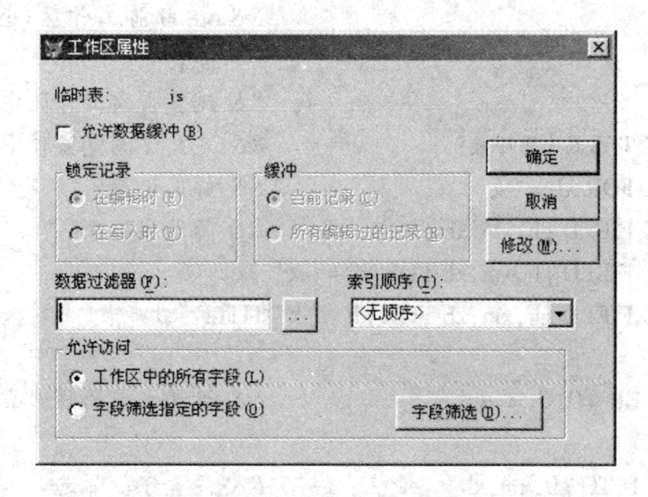

图 4-1　"工作区属性"对话框

④ 在"工作区属性"对话框中输入数据过滤器(即记录筛选条件)"xb = '女'",然后单击"确定"命令按钮(这时浏览窗口中的记录已被筛选,仅显示性别为"女"的记录)。

⑤ 再次打开"工作区属性"对话框,在对话框中选择"字段筛选指定的字段"单选按钮,然后单击"字段筛选"命令按钮。

⑥ 在出现的"字段选择器"对话框的"所有字段"列表框中,分别双击"gh"、"xm"和"xb"

字段(或分别单击字段和"添加"命令按钮,结果如图 4-2 所示),然后单击"确定"命令按钮,单击"工作区属性"对话框中的"确定"命令按钮(这时浏览窗口中的字段并未发生变化)。

⑦ 关闭浏览窗口,然后再次单击"项目管理器"窗口中的"浏览"命令按钮(这时可以看出,浏览窗口中仅显示性别为"女"的记录,且仅显示工号、姓名和性别这三个字段)。

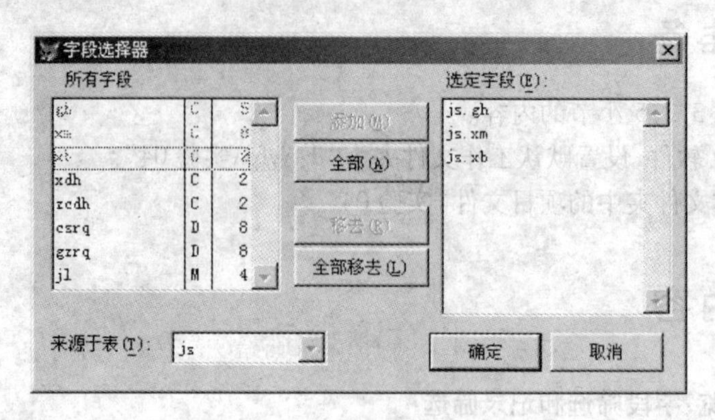

图 4-2 "字段选择器"对话框

以上实验结束后,关闭 js 表(关闭表后,相应的浏览窗口会自动地关闭)。

2. 通过命令操作。

在"命令"窗口中依次分别输入和执行下列命令,每次执行 BROWSE 命令后观察浏览窗口的变化(需要注意的是,每次 BROWSE 命令执行后浏览窗口得到焦点,需要单击命令窗口后再输入下一条命令):

```
CLOSE TABLES ALL                         && 关闭所有打开的表
USE js                                   && 在当前工作区(区号为 1)中打开
                                            js 表
BROWSE                                   && 浏览当前工作区中的表
BROWSE TITLE '教师表'                    && 定义了浏览窗口中的标题
BROWSE FOR xb = '女'                     && 筛选记录
BROWSE FIELD gh,xm,xb                    && 筛选字段
BROWSE FIELD gh,xm,xb FOR xb = '女'
BROWSE FIELD gh,xm,xb FOR xb = '女' TITLE '教师表'
BROWSE
SET FILTER TO xb = '女'                  && 设置记录的筛选条件
BROWSE
SET FIELD TO gh,xm,xb                    && 设置字段筛选
BROWSE
USE js                                   && 该命令是关闭当前工作区中的 js 表
                                            后,再次打开 js 表
BROWSE                                   && 从浏览窗口可以看出,原设置的筛选
                                            无效
USE
```

二、表记录的输入

表记录的输入主要有三种方法：在浏览窗口中编辑输入、使用 INSERT-SQL 命令、使用 APPEND FROM 命令。

1. 在表的浏览窗口中输入记录。

按下列步骤进行实验，以利用表的浏览窗口输入记录。

① 在“项目管理器”窗口中选中“js”表项后单击“浏览”命令按钮，这时屏幕上出现 js 表的浏览窗口。

② 执行菜单命令“显示”→“追加方式”。

③ 在 js 表的浏览窗口中依次输入后续两条记录（除 jl 字段），记录数据如图 4-3 所示。

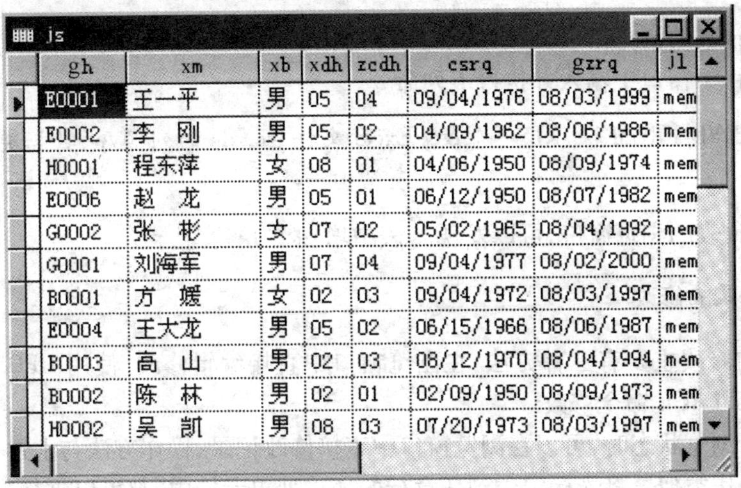

gh	xm	xb	xdh	zcdh	csrq	gzrq	jl
E0001	王一平	男	05	04	09/04/1976	08/03/1999	mem
E0002	李　刚	男	05	02	04/09/1962	08/06/1986	mem
H0001	程东萍	女	08	01	04/06/1950	08/09/1974	mem
E0006	赵　龙	男	05	01	06/12/1950	08/07/1982	mem
G0002	张　彬	女	07	02	05/02/1965	08/04/1992	mem
G0001	刘海军	男	07	04	09/04/1977	08/02/2000	mem
B0001	方　媛	女	02	03	09/04/1972	08/03/1997	mem
E0004	王大龙	男	05	02	06/15/1966	08/06/1987	mem
B0003	高　山	男	02	03	08/12/1970	08/04/1994	mem
B0002	陈　林	男	02	01	02/09/1950	08/09/1973	mem
H0002	吴　凯	男	08	03	07/20/1973	08/03/1997	mem

图 4-3　js 表的浏览窗口

④ 输入 jl 字段（备注型字段）的内容：双击第 1 条记录的 jl 字段（即 memo，这时会打开备注字段的编辑窗口 js. jl），在编辑窗口中输入备注内容“2003 年获优秀教师称号”，输入结束时关闭 js. jl 编辑窗口。

⑤ 在“命令”窗口中输入并执行下列命令：

```
ALTER TABLE js ADD COLUMN zp G        && 为 js 表增加一个通用型字段 zp
```

⑥ 输入 zp 字段（通用型字段）的内容：采用步骤①的操作方式以打开 js 表的浏览窗口，双击第 1 条记录的 zp 字段（即 gen，这时会打开通用字段的编辑窗口 js. zp），执行菜单命令“编辑”→“插入对象”，在出现的“插入对象”对话框中选择“由文件创建”，输入文件名“p101. bmp”，单击“确定”按钮，关闭 js. zp 编辑窗口。

⑦ 采用上述方法，为第 3、5、7 条记录输入 jl 字段和 zp 字段的内容（jl 字段的值自定，zp 字段的值分别插入文件 p102. bmp、p103. bmp 和 p104. bmp），结束时关闭 js 表的浏览窗口。

2. 利用 INSERT-SQL 命令追加记录。

利用 INSERT-SQL 命令也可以向表中追加记录。在“命令”窗口中输入并执行下列命令，可以向 js 表中追加一条记录（这里仅包含了 4 个字段的值）：

```
INSERT INTO  js(gh, xm, xb,csrq, jl);
VALUE ('020205','高一兵','男',{^1965/6/21},'(无)')
```

命令执行后,通过项目管理器浏览 js 表。查看结束后关闭浏览窗口。

3. 利用 APPEND FROM 命令追加记录。

利用 APPEND FROM 命令可以将其他文件中的数据追加到当前表中。按下列步骤进行实验,可以将 jsb. dbf 文件(表文件)和 jsc. xls 文件(Excel 文件)中的数据追加到 js 表中。

① 在"项目管理器"窗口中选中"js"表项后单击"浏览"命令按钮,这时屏幕上出现 js 表的浏览窗口(从 VFP 主窗口的状态栏可以看出当前仅有的记录数)。

② 在"命令"窗口中输入并执行下列命令:

```
APPEND FROM jsb            && jsb 表的表结构同 js 表,且包含 5 条记录
```

③ 单击 js 表的浏览窗口,可以发现 js 表中增加了 5 条记录。

④ 在"命令"窗口中输入并执行下列命令。

```
APPEND FROM jsc XLS        && Excel 文件 jsc. xls 的列顺序、数据类型与 jsb 表的
                              表结构一致
```

⑤ 单击 js 表的浏览窗口,可以发现 js 表中增加了 14 条记录。

三、表记录的修改

表记录的修改主要有三种方法:在浏览窗口中直接编辑修改、使用 UPDATE-SQL 命令修改、使用 REPLACE 命令修改。

当表处于浏览状态时,可以在浏览窗口中直接修改记录,操作方法与上述在浏览窗口中添加记录的操作类似。将光标定位到任意行的任一列单元格内,都可以进行修改操作。

UPDATE-SQL 命令和 REPLACE 命令主要用于对大批量数据进行整体修改,效率较高。

1. 利用 UPDATE 命令修改表(这里为 gzb 表)的数据。

在"命令"窗口中依次输入和执行下列命令,每条 BROWSE 命令执行后注意观察浏览窗口中显示的内容。

```
CLOSE TABLES ALL
UPDATE gzb SET zfbt = 0                          && gzb 表所有记录的 zfbt 为 0
BROWSE                                           && 查看结束后关闭浏览窗口
UPDATE gzb SET zfbt = jbgz * 0.5 WHERE '教授'$ zc    && 替换 zfbt 字段的值
BROWSE
UPDATE gzb SET qt = IIF('教授'$ zc,500,200)          && (副)教授为 500,其他
                                                    教师为 200
BROWSE
UPDATE gzb SET zfgj = jbgz * 0.5,ylbx = jbgz * 0.05  && 一条命令中替换多个
                                                    字段
BROWSE
USE
```

2. 利用REPLACE命令修改表(这里为gzb表)的数据。

在"命令"窗口中依次输入并执行下列命令,每条BROWSE命令执行后注意观察浏览窗口中显示的内容。

```
CLOSE TABLES ALL
USE gzb
BROWSE                                   && 注意观察qt字段项
REPLACE qt WITH IIF('教授'$zc,880,550)      && 对当前记录行进行修改
BROWSE                                   && 查看结束后关闭浏览窗口
REPLACE ALL qt WITH IIF('教授'$zc,880,550)  && 对所有记录行进行修改
BROWSE                                   && 查看结束后关闭浏览窗口
USE
USE js
REPLACE jl with '2002年被评为"副教授"' ADDITIVE
BROWSE                                   && 注意查看第1条记录的jl
                                            字段的内容
USE
```

REPLACE命令也可以通过界面的方式操作,步骤如下:

① 在"项目管理器"窗口中选中"gzb"表项后单击"浏览"命令按钮。

② 执行菜单命令"表"→"替换字段",在出现的对话框中输入如图4-4所示的替换要求后单击"替换"命令按钮。

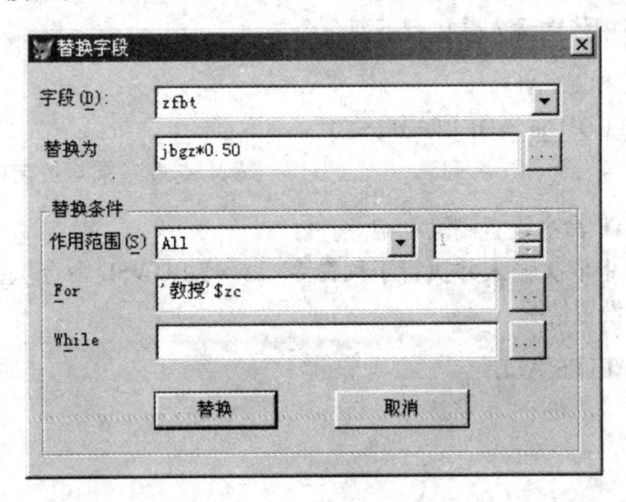

图4-4　"替换字段"对话框

从浏览窗口中可以看出,以上完成的功能是:所有zc(职称)为"教授"或"副教授"的记录,其zfbt为jbgz的50%。

四、表记录的删除

记录删除分两步完成,第一步是给需要删除的记录设置删除标记;第二步是给设有删除

标记的记录进行彻底删除。

设置删除标记主要有三种方法：在浏览窗口中直接设置、使用 DELETE-SQL 命令设置、使用 DELETE 命令设置。

1. 在浏览窗口中直接设置删除标记。

当表处于浏览状态时，可以在浏览窗口中直接设置删除标记，方法如下：

① 在“项目管理器”窗口中选中“xs”表项后单击“浏览”命令按钮。

② 分别单击第 2、4 条记录，设置删除标记列，如图 4-5 所示（这种方法是逐个手工查找记录、进行记录定位、设置删除标记）。

删除标记列

删除标记

xs

xh	xm	xb	zydh	xdh	jg	csrq	zp
990501	李 林	男	102001	05	江苏南京	02/09/1981	gen
990506	高 辛	男	102001	05	江苏南京	08/06/1982	gen
990505	陆海涛	男	102001	05	江苏扬州	10/09/1982	gen
990504	柳 宝	女	102001	05	江苏苏州	09/06/1981	gen
990502	李 枫	女	102001	05	上海	10/12/1982	gen
990503	任 民	男	102001	05	山东青岛	11/08/1981	gen
990307	林一风	男	109003	02	上海	05/04/1982	gen
990304	高 平	男	109003	02	江苏苏州	08/05/1980	gen
990302	朱 元	男	109003	02	福建福州	09/01/1981	gen

图 4-5 在浏览窗口中直接设置删除标记

2. 利用 DELETE-SQL 命令设置删除标记。

在“命令”窗口中依次输入并执行下列命令：

```
CLOSE TABLES ALL
DELETE FROM js WHERE xdh = '01'
BROWSE                                  && 查看结束后关闭浏览窗口
```

3. 利用 DELETE 命令设置删除标记。

在“命令”窗口中依次输入并执行下列命令，每条 BROWSE 命令执行后注意观察浏览窗口中删除标记的设置情况。

```
CLOSE TABLES ALL
USE cj
DELETE
BROWSE
GOTO 5
DELETE
BROWSE
DELETE FOR cj <60
BROWSE
USE
```

4. 对带有删除标记的记录的访问。

在“命令”窗口中依次输入并执行下列命令，来了解 SET DELETED 命令对于带有删除标记记录访问的影响：

```
CLOSE TABLES ALL
USE cj
BROWSE                          && 能否看到删除标记？
SET DELETED ON                  && 设置忽略标有删除标记的记录
BROWSE                          && 能否看到删除标记？
SET DELETED OFF                 && 设置可访问标有删除标记的记录
BROWSE                          && 能否看到删除标记？
BROWSE FOR DELETE( )
```

5. 恢复记录。

恢复记录实质上是指取消记录的删除标记。恢复记录有如下三种操作方式：

① 在“项目管理器”窗口选中“xs”表项后单击“浏览”命令按钮，分别单击第2、4条记录的删除标记列，使删除标记取消（该操作与前述的设置删除标记操作相对应）。

② 执行菜单命令“表”→“恢复记录”，在出现的对话框中设置“作用范围”、“For”条件后，单击“恢复”命令按钮（该操作与前述的设置删除标记操作相对应）。

③ 在“命令”窗口中依次输入并执行下列命令，每条 BROWSE 命令执行后注意观察浏览窗口中删除标记的设置情况。

```
CLOSE TABLES ALL
USE cj
BROWSE
RECALL ALL
BROWSE
DELETE ALL
BROWSE
RECALL FOR cj >=60
BROWSE
RECALL ALL
USE
```

6. 彻底删除记录。

彻底删除记录是指将记录彻底从表中删除。

① 在“项目管理器”窗口中选中“cj”表项后单击“浏览”命令按钮，为部分记录设置删除标记（哪些记录、采用什么方法，自定），执行菜单命令“表”→“彻底删除”，然后再浏览 cj 表查看。

② 在“命令”窗口中依次输入并执行下列命令：

```
CLOSE TABLES ALL
```

```
DELETE FROM xs WHERE  !'江苏'$jg
BROWSE                                 && 查看结束后关闭浏览窗口
PACK
BROWSE
```

③ 在“命令”窗口中依次输入并执行下列命令：

```
CLOSE TABLES ALL
USE cj
BROWSE                                 && 查看结束后关闭浏览窗口
ZAP                                    && 该命令彻底删除表中所有记录
BROWSE
USE
```

五、防止表数据被修改

如果要让一个打开的表不能进行任何的添加、修改和删除记录的操作，可以在打开表时以只读方式打开。在“命令”窗口中依次输入并执行下列命令：

```
CLOSE TABLES ALL
USE xs NOUPDATE
```

然后试着用上面的任何方法对 xs 表进行添加、修改和删除记录的操作，观察系统反应。发现对于任何的添加、修改和删除记录的操作，系统都会弹出如图 4-6 所示的“不能更新临时表”对话框。

图 4-6 “不能更新临时表”对话框

六、数据的复制

在“命令”窗口中依次输入并执行下列命令：

```
CLOSE TABLES ALL
USE xs
BROWSE
COPY TO xs01 FOR xb ='女'              && 将 xs 表中性别为“女”的记录
                                       复制到表 xs01 中
USE xs01
```

```
BROWSE
USE xs
COPY TO xs02 FIELDS xh, xm FOR xb = '女'      && 仅复制性别为"女"的记录,
                                                 且仅复制 2 个字段
USE xs02
BROWSE                                         && 查看结束后关闭浏览窗口
USE xs
COPY TO xs03  FIELDS xh, xm FOR xb = '男' SDF  && 生成文本文件 xs03.txt
COPY TO xs04  FIELDS xh, xm FOR xb = '男' XLS  && 生成 Excel 文件 xs04.xls
USE
```

对于生成的文本文件 xs03.txt 和 Excel 文件 xs04.xls,可以分别用 Windows 中的"记事本"应用软件和 Excel 软件查看、编辑其内容。

实验思考题

1. 从表的浏览窗口看,如何判别通用型字段和备注型字段中有无内容?
2. 通过"工作区属性"对话框或 SET 命令设置记录与字段的筛选,与在 BROWSE 命令中通过 FIELD 子句、FOR 子句进行筛选有何区别?在"工作区属性"对话框中是否可以设置浏览窗口的标题?
3. 在对表数据进行修改时,UPDATE 命令与 REPLACE 命令有何区别?
4. 利用 PACK 和 ZAP 命令彻底删除记录,它们有何区别?

实验 5　表记录的定位与表索引的建立和使用

实验要求

1. 本实验建议在两课时内完成。
2. 理解记录指针的作用,掌握表记录定位的基本方法。
3. 掌握表的结构复合索引的创建和使用方法。

实验准备

1. 学习教材 3.3.5 和 3.3.6 小节的内容。
2. 启动 VFP 软件,设置默认工作文件夹为"d:\vfp\实验 05"。
3. 打开工作文件夹中的项目文件"实验 05"。

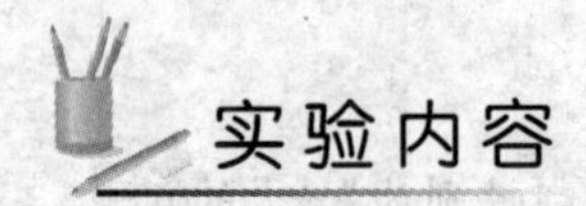

实验内容

一、表记录的定位

1. 利用界面操作。

按以下步骤实验，以学习利用界面操作进行表记录的定位。

① 在“项目管理器”窗口选中“js”表项后单击“浏览”命令按钮，这时屏幕上出现 js 表的浏览窗口，从 VFP 窗口的状态栏可以看出该表共有 33 条记录，当前记录指针指向第 1 条记录（状态栏中显示“记录:1/33”）。

② 执行菜单命令“表”→“转到记录”→“下一个”后，观察记录指针的变化。

③ 执行菜单命令“表”→“转到记录”→“上一个”后，观察记录指针的变化。

④ 执行菜单命令“表”→“转到记录”→“最后一个”后，观察记录指针的变化。

⑤ 执行菜单命令“表”→“转到记录”→“第一个”后，观察记录指针的变化。

⑥ 执行菜单命令“表”→“转到记录”→“记录号”，在出现的“转到记录”对话框中输入记录号“20”，单击“确定”命令按钮后，观察记录指针的变化。

⑦ 执行菜单命令“表”→“转到记录”→“记录号”，在出现的“转到记录”对话框中输入记录号“40”，单击“确定”命令按钮，这时出现“记录超出范围”提示框。

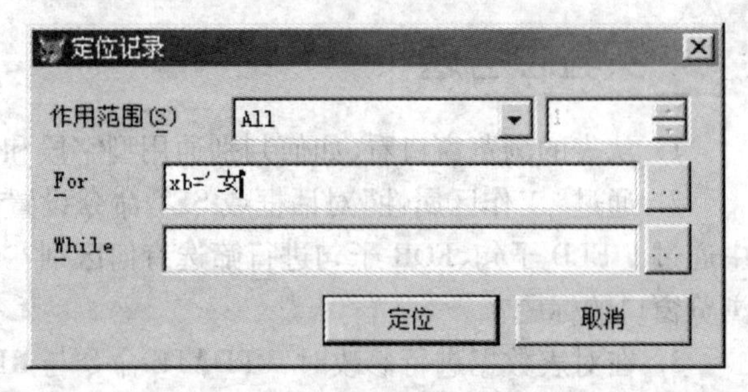

图 5-1 “定位记录”对话框

⑧ 执行菜单命令“表”→“转到记录”→“定位”，在出现的“定位记录”对话框中输入如图 5-1 所示的定位条件，单击“定位”命令按钮后，观察记录指针的变化（指针定位到第 1 条符合条件的记录）。

在表的浏览状态下，也可以通过浏览窗口的滚动条、键盘的光标移动键等进行记录指针的移动。参照上述实验进行自主实验，实验结束时关闭浏览窗口、关闭 js 表。

2. 利用命令操作。

在“命令”窗口中依次输入和执行下列命令，每条命令执行后注意观察 VFP 主窗口中显示的内容：

```
CLOSE TABLES ALL
CLEAR
USE js
? RECNO()                  && 该函数返回当前记录指针，即当前记录号
SKIP    12                 && 记录指针向下移动 12 条记录
? RECNO()
SKIP
? RECNO()
```

```
SKIP -10
? RECNO()
SKIP -1
? RECNO()
GOTO 23
? RECNO()
GOTO 44                    && 该命令执行后,出现错误提示框
GOTO Top
? RECNO()
? BOF()                    && 该函数测试当前记录指针是否指向文件头
SKIP -1
? RECNO()
? BOF()
SKIP -1                    && 该命令执行后,出现错误提示框
GOTO Bottom
? RECNO()
? EOF()                    && 该函数测试当前记录指针是否指向文件尾
SKIP
? RECNO()
? BOF()
SKIP                       && 该命令执行后,出现错误提示框
USE
```

二、创建表的结构复合索引

1. 利用表设计器创建结构复合索引。

按下列步骤进行实验,以利用表设计器创建结构复合索引。

① 在“项目管理器”窗口中选中“数据/自由表/gzb”表项后单击“修改”命令按钮,这时屏幕上出现 gzb 表的“表设计器”对话框。

② 选择“索引”页面,然后输入如图 5-2 所示的三个索引(分别输入/设置索引名、类型、表达式)。

③ 确认输入/设置正确后,则单击“确定”按钮、“是”按钮。

从工作文件夹中可以看出,创建索引后系统自动地生成了索引文件 gzb. cdx。从“项目管理器”窗口中看到,当表创建了结构复合索引,其索引名(标识)在字段名后面列出。

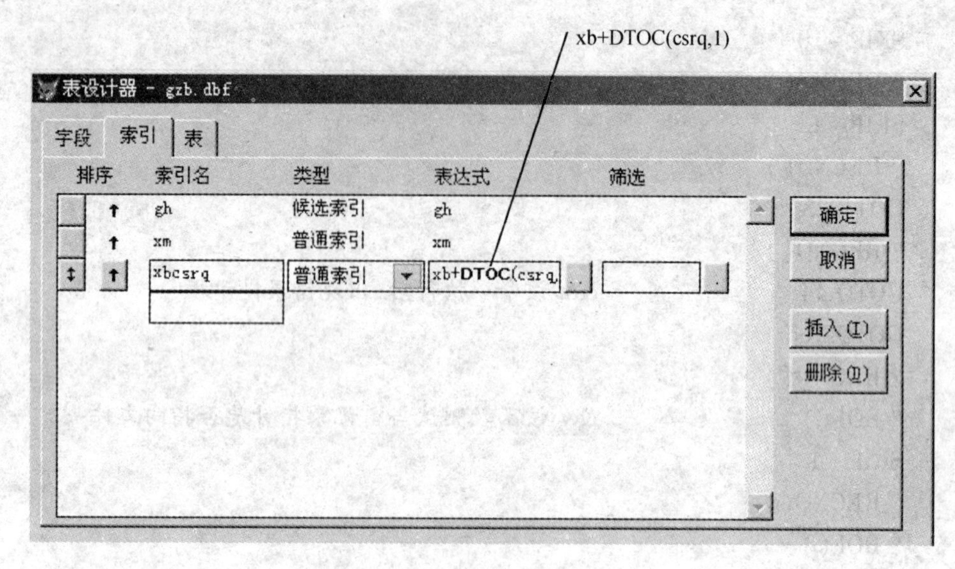

图 5-2 “表设计器”对话框

2. 利用 INDEX 命令创建结构复合索引。

在“命令”窗口中依次输入并执行下列命令：

```
CLOSE TABLES ALL
USE xs
INDEX ON xh TAG xh CANDIDATE
INDEX ON jg TAG jg UNIQUE
INDEX ON zydh + DTOC(csrq,1) TAG zydhcsrq
```

上述命令执行后，在“项目管理器”窗口中选中“xs”表项后单击“修改”命令按钮，然后在“表设计器”对话框中查看索引创建情况。结束时关闭“表设计器”对话框。

3. 利用 ALTER-SQL 命令创建结构复合索引。

通常，可以利用 ALTER-SQL 命令为表创建主索引或候选索引。在“命令”窗口中输入并执行下列命令：

```
ALTER TABLE js ADD UNIQUE gh  TAG gh
```

上述命令执行后，在“项目管理器”窗口选中“js”表项后单击“修改”命令按钮，然后在“表设计器”对话框中查看索引创建情况。结束时关闭“表设计器”对话框。

三、结构复合索引的修改与删除

只要打开表设计器，即可根据需要修改或删除索引。请自行设计实验步骤，利用表设计器修改或删除 js 表的索引。

VFP 没有提供修改表索引的命令，但可以通过创建同索引名（标识）的索引覆盖原索引。在“命令”窗口中依次输入并执行下列命令（每次索引的变化可以在“表设计器”对话框中查看）：

```
CLOSE TABLES ALL
```

```
USE xim
INDEX ON xdh TAG abc CANDIDATE          && 创建一个候选索引,索引名
                                           为abc
INDEX ON xdh + ximing TAG abc           && 创建一个候选索引,索引名为
                                           abc(将前一索引覆盖)
INDEX ON ximing TAG ximing              && 创建一个普通索引,索引名为
                                           ximing
DELETE TAG ximing                       && 删除索引名为ximing的索引
USE xs
DELETE TAG ALL                          && 删除xs表的所有索引
USE
```

四、索引的使用

1. 利用界面操作使用索引。

按下列步骤进行实验,以利用索引控制表记录的显示、处理顺序。

① 在“项目管理器”窗口选中“kc”表项后单击“浏览”命令按钮。

② 执行菜单命令“表”→“属性”,在出现的“工作区属性”对话框中的“索引顺序”下拉列表框中选择“kc:kcm”,然后单击“确定”命令按钮。

③ 在浏览窗口中查看记录的顺序。

④ 执行菜单命令“表”→“属性”,在出现的“工作区属性”对话框中的“索引顺序”下拉列表框中选择“kc:xf”,然后单击“确定”命令按钮。

⑤ 在浏览窗口中查看记录的顺序。

2. 利用命令使用索引。

在“命令”窗口中分别依次输入并执行下列命令:

```
CLOSE TABLES ALL
USE kc
BROWSE
USE kc ORDER TAG kcm
BROWSE
SET ORDER TO xf
BROWSE
SET ORDER TO
BROWSE
USE
```

实验思考题

1. 在使用INDEX命令和ALTER-SQL命令创建结构复合索引时,关键字UNIQUE在这

两种命令中所起的作用有何不同?

2. 当为某表文件创建结构复合索引后,系统会自动地生成相应的索引文件。如果将该表的所有索引删除,系统是否会自动地删除相应的索引文件?

3. 在前面的实验中,所有的索引均为升序。如果将所有的索引均改为降序,对上述的操作步骤或命令应如何进行修改?

4. 下列命令创建的索引,可以发挥什么作用?

```
CLOSE TABLES ALL
USE xs
INDEX ON xh TAG xh FOR xb ='男'
```

5. 将数据库表从数据库中移去,该数据库表原先设置的主索引是否会丢失?请通过实验进行验证。

实验 6　数据库表的扩展属性与参照完整性规则

实验要求

1. 本实验建议在两课时内完成。
2. 掌握数据库表字段的扩展属性的设置方法。
3. 掌握创建数据库表永久性关系的基本方法。
4. 掌握设置数据库表之间的参照完整性规则的基本方法。

实验准备

1. 学习教材 3.3.3 小节和 3.4 节的内容。
2. 启动 VFP 软件,设置默认工作文件夹为"d:\vfp\实验 06"。
3. 打开工作文件夹中的项目文件"实验 06"。

实验内容

实验前,首先熟悉一下数据库 sjk 及其包含的各个数据库表的内容。

一、掌握数据库表的扩展属性的设置方法

数据库表的扩展属性的设置既可以通过表设计器进行,也可以通过命令和函数进行。下面实验主要是通过表设计器和命令设置数据库表的扩展属性。

1. 利用表设计器设置数据库表的字段属性。

按下列步骤进行实验,以设置 js 表的字段属性。

① 在“项目管理器”窗口中选择“js”表,单击“修改”命令按钮。

② 在出现的 js 表的“表设计器”对话框中,逐个地选择字段,设置有关属性,设置要求如表 6-1 所示(例如,设置 xb 字段时如图 6-1 所示)。

表 6-1　数据库表 js 的字段属性信息

字段	字段标题	格式	输入掩码	默认值	字段验证规则	字段验证信息	字段注释
gh	工号	T	X9999				主关键字
xm	姓名	T					
xb	性别			″男″	xb $′男女′	″为男或女″	
xdh	系代号		99				
zcdh	职称代号		99				
csrq	出生日期						
gzrq	工作日期			DATE( )			
jl	简历						

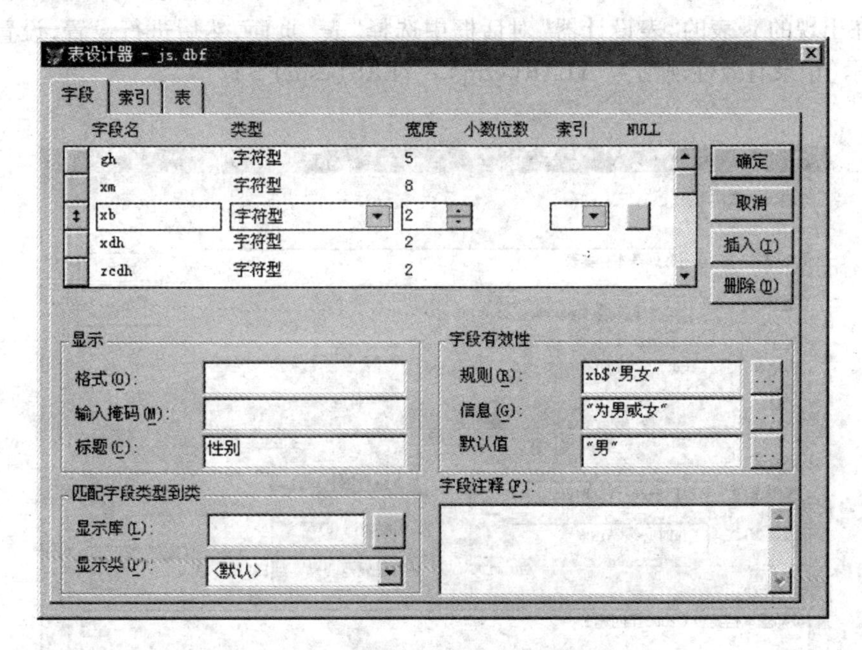

图 6-1　js 表的 xb 字段的属性设置

③ 设置结束时,关闭“表设计器”对话框。

④ 在“项目管理器”窗口中选择“js”表,单击“浏览”命令按钮(这时从 js 表的浏览窗口可以看出,系统以标题代替字段名显示)。

⑤ 修改第 1 条记录的“性别”字段的值,将“男”改为“无”,将光标移动到其他字段或记录,则因违反字段验证规则而显示字段验证信息(这时单击提示框中的“还原”命令按钮)。结束时,关闭 js 表的浏览窗口。

需要注意的是:对于已有数据的表,如果设置验证规则(包括后续实验的记录有效性规则等),则需要注意已有数据是否均满足所设置的验证规则。如果已有数据不满足验证规则,则在关闭“表设计器”的过程中,出现如图 6-2 所示的对话框时取消“用此规则对照现有的数据”复选框。

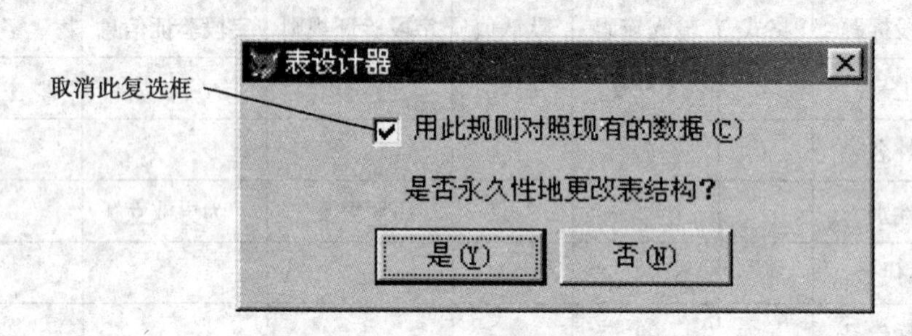

图 6-2 “表设计器”对话框

2. 利用表设计器设置数据库表的长表名、记录有效性规则、触发器和表注释。

按下列步骤进行实验,以设置 js 表的长表名、记录有效性规则、触发器和表注释。

① 在“项目管理器”窗口中选择 sjk 数据库中的“js”表,单击“修改”命令按钮。

② 在出现的 js 表的“表设计器”对话框中选择“表”页面,然后进行设置,设置要求如图 6-3所示(记录有效性规则为“YEAR(gzrq) - YEAR(csrq) >17”)。

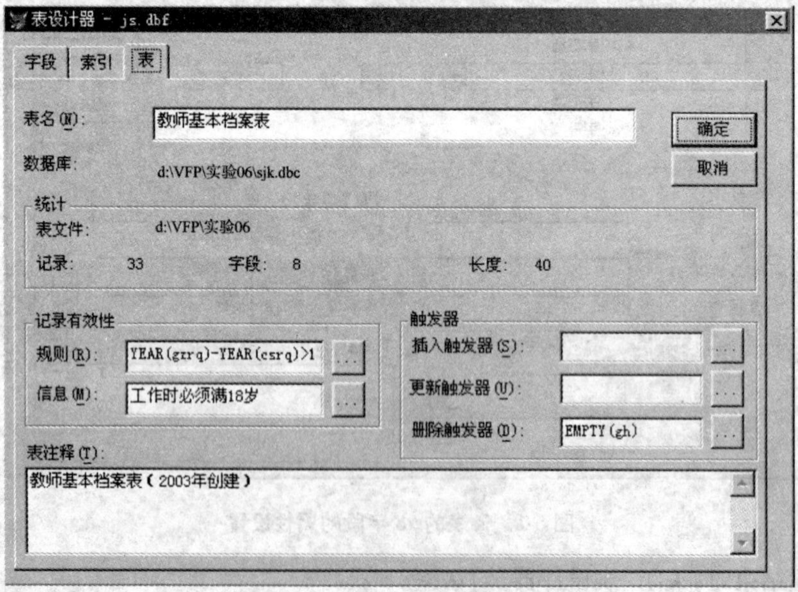

图 6-3 js 表的有效性规则和触发器

③ 设置结束时,关闭“表设计器”对话框。

④ 在“项目管理器”窗口中选择“教师基本档案表”选项(在“项目管理器”窗口中,js 表的表名显示为长表名“教师基本档案表”,但该表的文件名仍为 js),单击“浏览”命令

按钮。

⑤ 修改第1条记录的"出生日期"字段的值,改为与"工作日期"字段的值相同,将光标移动到其他记录,则因违反记录有效性规则而显示记录有效性信息(这时单击提示框中的"还原"命令按钮)。

⑥ 为第2条记录设置删除标记(即删除第2条记录),将光标移动到其他记录,则因违反删除触发器而显示提示信息(这时单击提示框中的"还原"命令按钮)。结束时,关闭js表的浏览窗口。

3. 利用命令设置数据库表的扩展属性。

在使用CREATE TABLE-SQL命令创建数据库表时可以设置数据库表的部分扩展属性,也可以利用ALTER TABLE-SQL命令设置或修改数据库表的部分扩展属性。

在"命令"窗口中依次输入、执行下列命令:

```
CLOSE DATABASE ALL
OPEN DATABASE sjk
CREATE TABLE rk NAME 任课表(zydh C(6), kcdh C(4), gh C(5))
                                              && 创建的表有长表名
CREATE TABLE xstemp(xh C(8), xm C(8), xb C(2) DEFAULT '男')
                                              && 创建的表有默认值
CREATE TABLE FREE cj3(xh C(8), kcdh C(4), cj N(5,1), bz M)
                                              && 创建 cj3 表
ALTER TABLE js ALTER xb SET DEFAULT '女'      && 修改 js 表 xb 的默认值
CREATE TRIGGER ON js FOR INSERT !EMPTY(gh)    && 设置 js 表的插入触发器
CLOSE DATABASE ALL
```

上述命令创建了两个数据库表、修改了一个数据库表,这些数据库表的扩展属性设置情况,可以分别在"表设计器"中打开进行查看。

数据库表的扩展属性的修改与删除,可以在"表设计器"对话框中进行,也可以利用命令进行。请自行实验。

二、创建数据库中两个表之间的永久性关系

数据库表之间可以根据需要和它们之间的内在联系,创建两表之间的永久性关系。在创建永久性关系之前,首先应找出两表之间的关系,然后根据要求创建索引。

按下列步骤进行实验:

① 利用表设计器创建xs表的主索引,要求索引名为xh,索引类型为主索引,索引表达式为xh(操作过程同"实验5"中介绍的创建索引方法,区别在于索引类型不同)。

② 利用同样的方法为cj表创建普通索引,要求索引名为xh,索引表达式为xh。

索引创建好后,就可以创建xs表和cj表之间的永久性关系了。永久性关系的创建可以在"数据库设计器"窗口中进行,方法如下:

① 在"项目管理器"窗口中选择数据库"sjk",单击"修改"命令按钮。

② 将出现的"数据库设计器"窗口拖放成合适的大小,然后执行菜单命令"数据库"→"重排",单击出现的对话框中的"确定"命令按钮。(这步操作不是必需的)

③ 执行菜单命令“数据库”→“清理数据库”(这步操作不是必需的)。

④ 移动“数据库设计器”窗口中的 cj 表与 xs 表的滚动条,使这两个表的 xh 索引名在窗口中可见(图 6-4)。

⑤ 将 xs 表的 xh 索引名“拖放”到 cj 表的 xh 索引名,则在这两个表之间出现了一条如图 6-4 所示的关系连线,用以标识永久性关系。

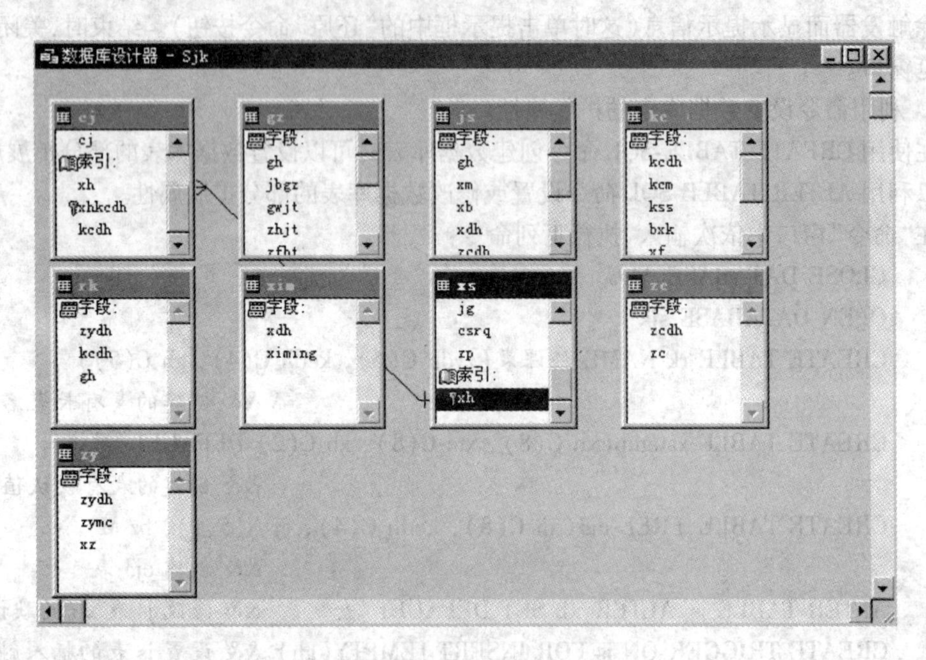

图 6-4 “数据库设计器”窗口

三、设置两个具有永久性关系的表之间的参照完整性规则

在建立了永久性关系的两表之间,可以创建参照完整性规则,以控制两表之间数据的完整性。

1. 设置参照完整性规则。

按下列步骤进行实验,以设置 xs 表与 cj 表之间的参照完整性规则。

① 确认 xs 表与 cj 表之间创建了永久性关系,否则先创建它们之间的永久性关系。

② 执行菜单命令“数据库”→“清理数据库”。

③ 在“数据库设计器”窗口中双击 xs 表与 cj 表之间的关系连线,单击出现的对话框中的“参照完整性”命令按钮,或执行菜单命令“数据库”→“编辑参照完整性规则”。

④ 在出现的“参照完整性生成器”对话框中设置规则,设置要求如图 6-5 所示(设置时可以在各个页面上单击所需规则的选项按钮,也可以在表格中的相应单元格中单击,在出现的下拉列表框中选择)。

⑤ 规则设置结束后,单击“确定”命令按钮,在后续出现的对话框中均单击“是”命令按钮。

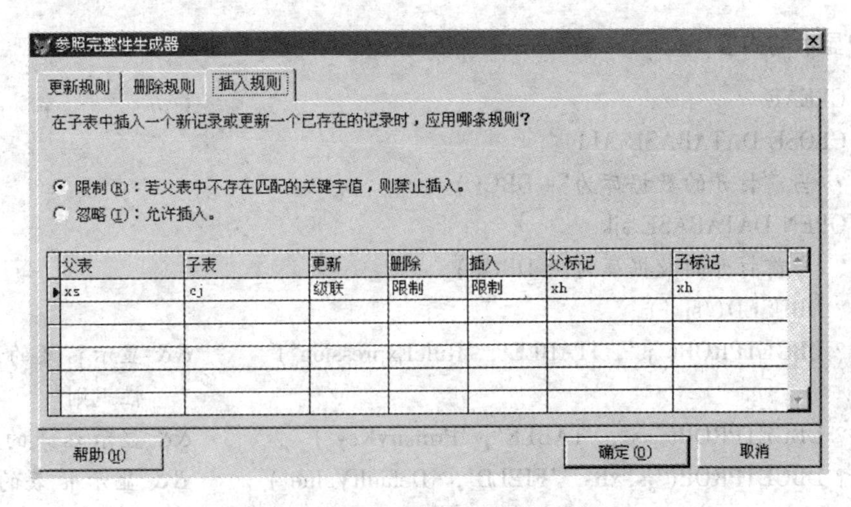

图6-5　"参照完整性生成器"对话框

2. 检验参照完整性规则。

对于上述设置的参照完整性，可以按下列步骤进行实验和验证。

① 在"命令"窗口中输入、执行下列命令：

```
UPDATE xs SET xh = '123456' WHERE xh = '990201'    && 将xs表中的学号990201
                                                     改为123456
```

上述命令执行后，打开cj表的浏览窗口查看学号，可以发现cj表中的学号"990201"自动地改为了"123456"。这是由于xs表与cj表之间设置了"更新级联"。

② 在"命令"窗口输入、执行下列命令：

```
DELETE FROM xs WHERE xh = '990202'
```

上述命令执行后，出现"触发器失败"信息提示框。这是由于xs表与cj表之间设置了"删除限制"——cj表中有学号为"990202"学生的成绩，则xs表不允许删除该记录。但删除cj表中的记录时无限制，可自行实验验证。

③ 在"命令"窗口中输入、执行下列命令：

```
INSERT INTO cj(xh, kcdh, cj) VALUES('998877', '05', 90)
```

上述命令执行后，出现"触发器失败"信息提示框。这是由于xs表与cj表之间设置了"插入限制"——xs表中无学号为"998877"记录，则cj表不允许插入该记录。但xs表中插入记录时无限制，可自行实验验证。

四、永久性关系的删除

永久性关系的删除，一般可采用两种方法：一种是在"数据库设计器"窗口中单击关系连线（这时关系连线"加粗"显示），然后按键盘上的<Delete>键（删除键）；另一种方法是删除索引时，基于该索引的关系同时被删除。请自行实验。

五、几个常用函数

在"命令"窗口中依次输入并执行下列命令，每条"?"命令执行后，注意查看、分析VFP

主窗口中显示的内容。

```
CLEAR
CLOSE DATABASE ALL
?'当前打开的数据库为'+DBC()
OPEN DATABASE sjk
?'当前打开的数据库为'+DBC()
? DBUSED('sjk')
? DBGETPROP('js', 'TABLE', 'RuleExpression')          && 显示js表的记录有效性规则
? DBGETPROP('xs', 'TABLE', 'PrimaryKey')              && 显示xs表的主索引名
? DBGETPROP('js.xb', 'FIELD', 'DefaultValue')         && 显示js表的xb字段的默认值
? DBGETPROP('xs.zp', 'FIELD', 'Caption')              && 显示xs表的zp字段的标题
? DBSETPROP('xs.xb', 'FIELD', 'Caption', 'SEX')       && 设置xs表的xb字段的标题
```

在上述命令中,设置属性时如显示(函数返回值)为.T. ,则表示设置成功。

实验思考题

1. 对于图6-5所示的参照完整性规则,如果改为"更新限制"、"删除级联",则会出现什么情况?请通过实验验证。

2. 下列程序的功能是显示一个表的各个字段的字段名和标题属性,请将其修改、完善。(要求:以文件名TableCaption保存在工作文件夹中,并进行调试、运行。)

```
CLEAR
CLEAR ALL
cFile = ________('DBF', '表名', '打开', 1,'选择表文件')
?'字段名','标题'
USE &cFile
cTable = ALIAS()
FOR i =1 TO
    cField = FIELD(I)
    ? FIELD(I),DBGETPROP('&cTable..&cField','Field',________)
ENDFOR
USE
```

第4章

查询与视图

本章实验的总体要求是：掌握创建查询与视图的方法和操作步骤，掌握 SELECT-SQL 命令的应用。本章的实验分为两个，建议实验课时数为 4。

实验 7　查询与视图的创建和使用

实验要求

1. 本实验建议在两课时内完成。
2. 掌握使用查询设计器创建查询的方法。
3. 掌握创建基于单张表和多张相关表的查询的方法和操作步骤。
4. 了解创建交叉表的查询的方法。
5. 了解视图的创建、使用和视图数据更新的方法。

实验准备

1. 学习教材 4.1、4.2 和 4.4 节的内容。
2. 启动 VFP 软件，设置默认工作文件夹为“d:\vfp\实验 07”。
3. 打开工作文件夹中的项目文件“实验 07”。

实验内容

一、用“查询设计器”设计查询

1. 在项目管理器中设计一个基于单个表的查询。

训练 1　已知在“实验 07”项目中包含了 sjk 数据库，数据库中包含了 xs(学生)表，创建一个查询(xshj. qpr)，查询所有男性学生的户籍情况。要求查询结果中包含学生学号、姓名、性别、籍贯和出生日期，按学生学号进行排序。

步骤如下:

① 在"项目管理器"窗口的"数据"选项卡下选择"查询"并单击"新建"按钮,出现"新建查询"对话框,如图 7-1 所示,单击"新建查询"按钮,打开查询设计器,同时弹出"添加表或视图"对话框,如图 7-2 所示。

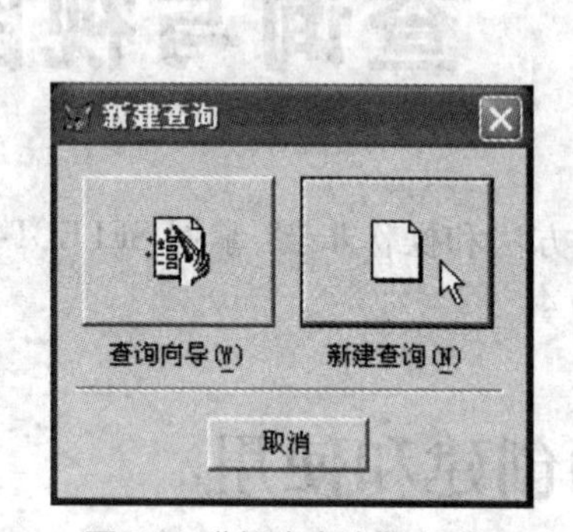

图 7-1 "新建查询"对话框

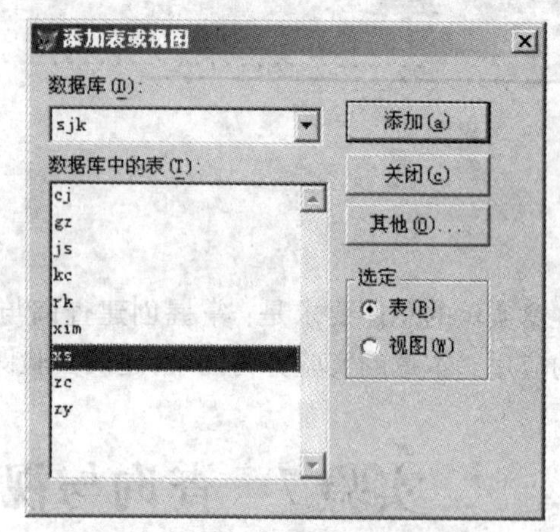

图 7-2 "添加表或视图"对话框

② 在"添加表或视图"对话框中选择"xs"表并单击"添加"按钮,然后再单击"关闭"按钮。

③ 在"查询设计器"的"字段"选项卡上选定输出字段,在"可用字段"列表框中分别双击 xs. xh、xs. xm、xs. xb、xs. jg 和 xs. csrq,添加到"选定字段"列表中,也可以选定字段,单击"添加"按钮,将字段添加到"选定字段"列表中。

④ 在"筛选"选项卡上设置筛选条件为"xs. xb ="男""。

⑤ 在"排序依据"选项卡中设置输出顺序,把"选定字段"列表框中的 xs. xh 添加到"排序条件"列表框中。

⑥ 完成上述的查询设计后,单击"常用"工具栏上的"保存"按钮,在弹出的"另存为"对话框中,输入查询的文件名"xshj. qpr",单击"保存"按钮。

⑦ 单击"常用"工具栏上的"运行"按钮 ! ,或右击"查询设计器",选择"运行查询"菜单项,即可以运行查询。

2. 创建基于多张表的查询。

训练 2 创建一个查询(kcximxscj. qpr),查询各系科"中文 Windows XP"和"管理信息系统"这两门课程的学习情况。要求查询结果中包含课程名、系名、两门课程各系科的学习人数、平均成绩、最高分,并且平均成绩要求大于 70 分,最后按课程名和系名进行排序。

① 在项目中新建一个查询,在"项目管理器"的"项"列表中选择"查询"项,单击"新建"按钮,在"新建查询"对话框中单击"新建查询"按钮,此时打开"查询设计器"窗口。

② 在"添加表或视图"对话框中(图 7-2),按顺序选择 xim、xs、cj 和 kc 四张表(注意添加的顺序)。如果在 sjk 库中已建立 xs 表和 cj 表、xs 表和 xim 表、kc 表和 cj 表之间的永久性关系,则查询设计器默认以永久性关系作为联接条件;如果在数据库中没有建立永久性关系,则会在添加第二张表时,出现"联接条件"对话框,设置 xs 表与 cj 表的联接条件为 xs. xh = cj. xh(图 7-3),设置 xs 表与 xim 表的联接条件为 xs. xdh = xim. xdh,设置 kc 表与 cj

表的联接条件为 kc. kcdh = cj. kcdh，“联接类型”均为“内部联接”，单击“添加”按钮，然后在“添加表或视图”对话框中单击“关闭”按钮。

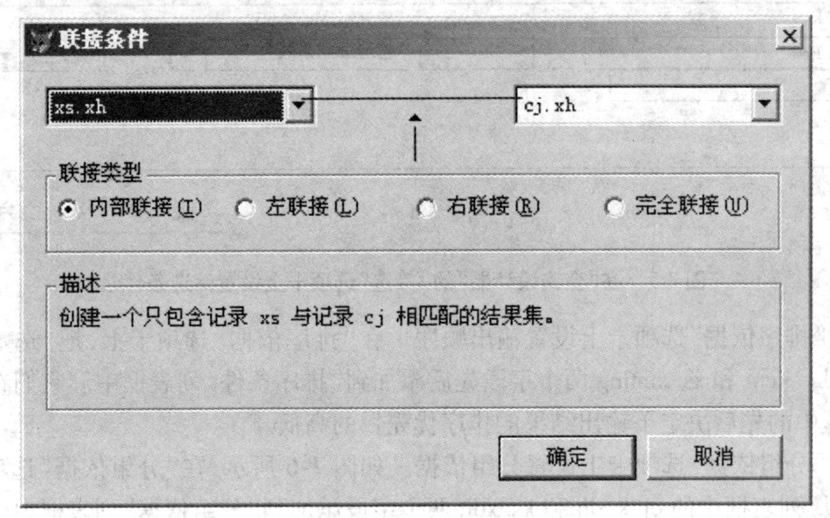

图 7-3　设置联接条件

③ 在“查询设计器”的“字段”选项卡上选定输出字段。如图 7-4 所示，在“可用字段”列表框中分别双击 kc. kcm 和 xim. ximing，添加到“选定字段”列表中。在“函数和表达式”文本框中输入“COUNT(*) AS 学习人数”，单击“添加”按钮，添加到“选定字段”列表中。用同样的方法把“AVG(cj. cj) AS 平均成绩”和“MAX(cj. cj) AS 最高分”添加到“选定字段”列表框中。

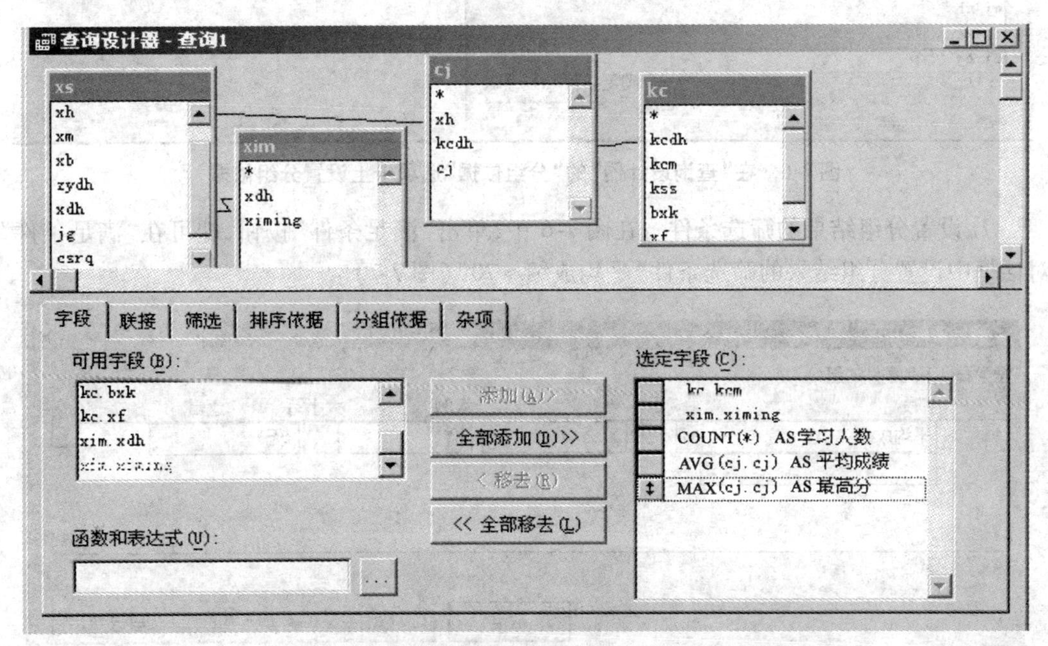

图 7-4　在“查询设计器”的“字段”选项卡上选定字段

④ 在“筛选”选项卡上设置筛选条件。按图 7-5 所示的内容输入筛选条件：kc. kcm = ″中文Windows XP″ OR kc. kcm = ″管理信息系统″。

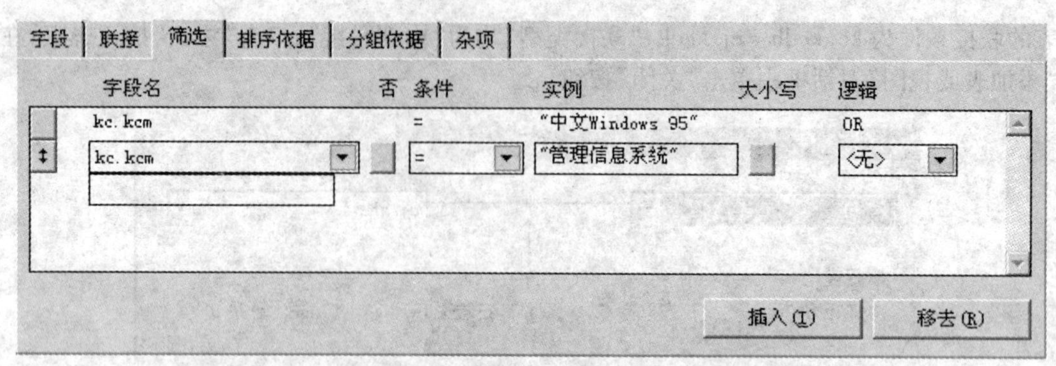

图 7-5　在"查询设计器"的"筛选"选项卡上设置筛选条件

⑤ 在"排序依据"选项卡上设置输出顺序。在"排序依据"选项卡上,把"选定字段"列表框中的 kc. kcm 和 xs. ximing 两个字段先后添加到"排序条件"列表框中。它们在"排序条件"列表框中的先后决定了输出结果的排序优先权的高低。

⑥ 在"分组依据"选项卡上设置分组依据。如图 7-6 所示,在"分组依据"选项卡上,把"可用字段"列表框中的 cj. kcdh 和 xs. xdh 两个字段添加到"分组依据"列表框中(可以不分先后)。

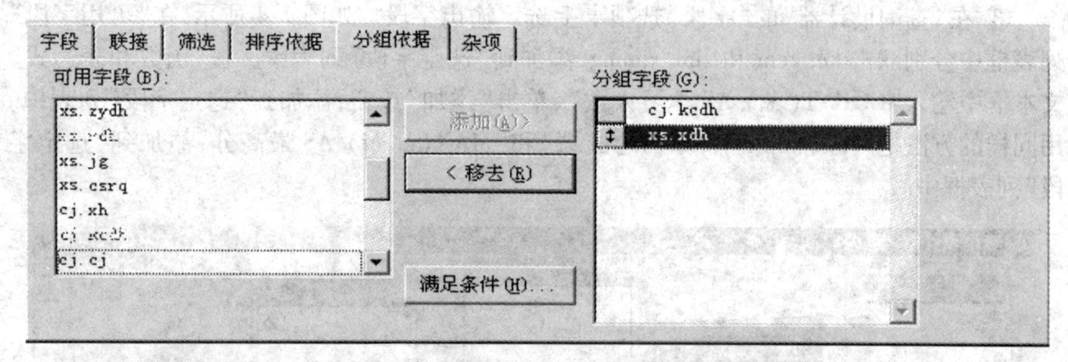

图 7-6　在"查询设计器"的"分组依据"选项卡上设置分组依据

⑦ 设置分组结果的筛选条件。在图 7-6 中,单击"满足条件"按钮,即可在"满足条件"对话框中设置分组结果的筛选条件"平均成绩 > 70"(图 7-7)。

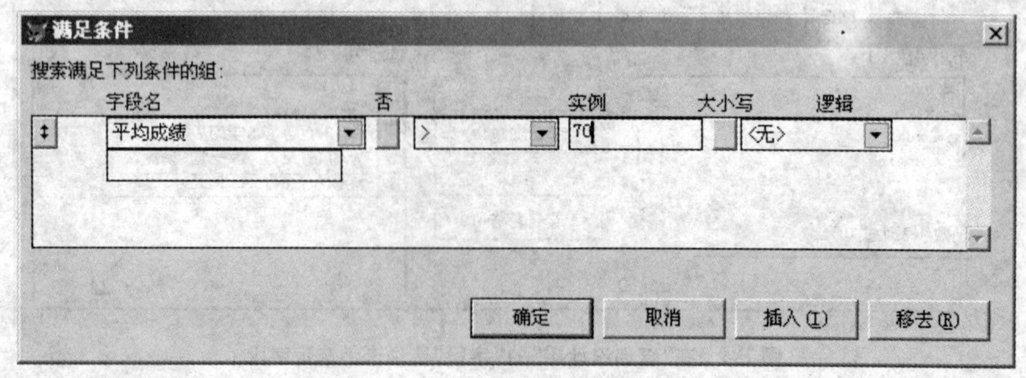

图 7-7　设置分组结果的"满足条件"

⑧ 完成上述的查询设计后,右击"查询设计器",选择"运行查询"菜单项,即可以运行

查询。

训练 3　创建一个查询(ximjsgz. qpr),查询各系科工龄不低于 20 年的所有教师的基本工资情况。要求查询结果中包含各系科系名、满足条件的教师人数、基本工资总额、平均基本工资和最低基本工资,输出平均基本工资大于 900 的系科,并按平均基本工资进行排序。

① 在项目中新建一个查询,在“项目管理器”的“项”列表中选择“查询”项,单击“新建”按钮,在“新建查询”对话框中单击“新建查询”按钮,打开“查询设计器”窗口。

② 在“添加表或视图”对话框(图 7-2)中,按顺序选择 xim、js 和 gz 三张表(注意添加的顺序)。如果在 sjk 库中已建立 xim 表和 js 表、js 表和 gz 表之间的永久性关系,则查询设计器默认以永久性关系作为联接条件;如果在数据库中没有建立永久性关系,则会在添加第二张表时,出现“联接条件”对话框,设置 xim 表与 js 表的联接条件为 xim. xdh = js. xdh,设置 js 表与 gz 表的联接条件为 js. gh = gz. gh,“联接类型”均为“内部联接”。单击“添加”按钮,然后在“添加表或视图”对话框中单击“关闭”按钮。

③ 在“查询设计器”的“字段”选项卡上选定输出字段。在“可用字段”列表框中双击 xim. ximing,添加到“选定字段”列表中。在“函数和表达式”文本框中输入“COUNT(*) AS 教师人数”,单击“添加”按钮,添加到“选定字段”列表中。用同样的方法把“SUM(gz. jbgz) AS 基本工资总额”、“AVG(gz. jbgz) AS 平均基本工资”和“MIN(gz. jbgz) AS 最低基本工资”添加到“选定字段”列表中。

④ 在“筛选”选项卡上设置筛选条件。按图 7-8 所示的内容输入筛选条件“YEAR (DATE()) - YEAR(js. gzrq) >=20”,也可以在“字段名”组合框中选择最下面的“<表达式... >”项,即可在“表达式生成器”对话框中输入表达式“YEAR(DATE()) - YEAR(js. gzrq)”。

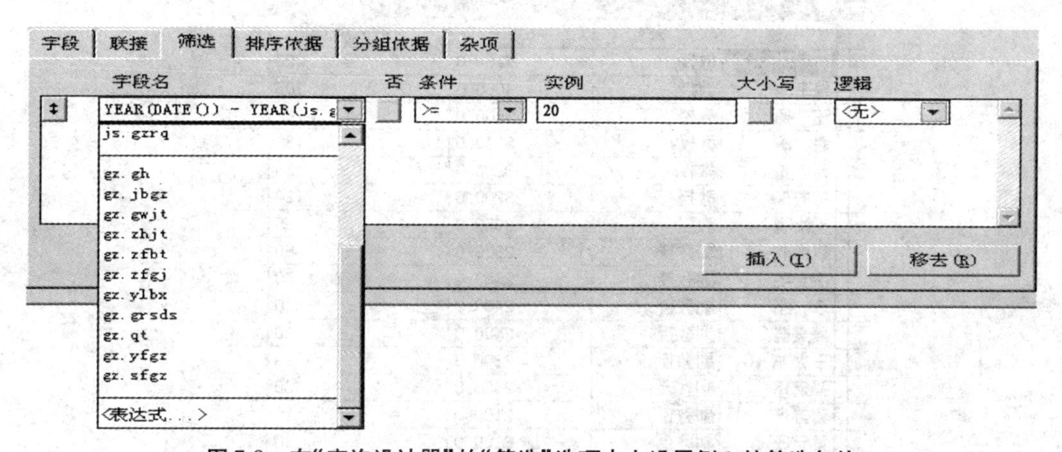

图 7-8　在“查询设计器”的“筛选”选项卡上设置例 3 的筛选条件

⑤ 在“排序依据”选项卡上设置输出顺序。在“排序依据”选项卡上,把“选定字段”列表框中的“AVG(gz. jbgz) AS 平均基本工资”添加到“排序条件”列表框中。

⑥ 在“分组依据”选项卡上设置分组依据。在“分组依据”选项卡上,把“可用字段”列表框中的 js. xdh 字段添加到“分组依据”列表框中。

⑦ 设置分组结果的筛选条件。在“分组依据”选项卡上,单击“满足条件”按钮,即可在“满足条件”对话框中设置分组结果的筛选条件“平均基本工资 >900”。

⑧ 完成上述的查询设计后,右击“查询设计器”,选择“运行查询”菜单项,即可以运行查询。

训练 4 创建一个查询(zcjsgz. qpr),查询职称是教授和副教授的所有教师的收入情况。要求查询结果中包含教师姓名、职称、个人收入(仅包括基本工资和岗位津贴)和个人收入所得税(假设 1000 ~ 2000 元税率为 5%,2000 元以上税率为 10%),并按个人收入进行排序。

① 在项目中新建一个查询,在“项目管理器”的“项”列表中选择“查询”项,单击“新建”按钮,在“新建查询”对话框中单击“新建查询”按钮,打开“查询设计器”窗口。

② 在“添加表或视图”对话框(图 7-2)中,按顺序选择 zc、js 和 gz 三张表(注意添加的顺序)。

③ 在“查询设计器”的“字段”选项卡上选定输出字段。在“可用字段”列表框中分别双击 js. xm 和 zc. zc,添加到“选定字段”列表中。在“函数和表达式”文本框中输入“gz. jbgz + gz. gwjt AS 个人收入”,单击“添加”按钮,添加到“选定字段”列表中。在计算“个人收入所得税”的时候,要注意不同级别的“个人收入”有不同的税率,也即有不同的计算方法,在这里,我们用到 IFF( )函数来实现“分支选择”计算。单击“函数和表达式”文本框后面的按钮,既可以打开“表达式生成器”对话框,可在“表达式:”框中输入:“IIF((gz. jbgz + gz. gwjt) > 2000,(gz. jbgz + gz. gwjt - 2000) * 0.1,IIF((gz. jbgz + gz. gwjt) > 1000,(gz. jbgz + gz. gwjt - 1000) * 0.05,00000)) AS 个人收入所得税”。在“表达式生成器”对话框中除了可以在“表达式:”框中直接输入表达式外,也可以在函数、字段和变量框中选择所需要的函数、字段和变量。

查询

xm	zc	个人收入	个人收入所得税
陈 林	教授	4200.0	220
程东萍	教授	4060.0	206
汪 杨	教授	3600.0	160
谢 涛	教授	3360.0	136
赵 龙	教授	3200.0	120
孙向东	教授	3200.0	120
王汝刚	教授	2950.0	95
钱向前	副教授	2600.0	60
徐全明	副教授	2600.0	60
李 刚	副教授	2400.0	40
姜美群	副教授	2400.0	40
王大龙	副教授	2300.0	30
强宏伟	副教授	2300.0	30
蒋方舟	副教授	2100.0	10
黄宏庆	副教授	2100.0	10
张 彬	副教授	1960.0	48
曹 芳	副教授	1960.0	48
刘 凯	副教授	1960.0	48
周大年	副教授	1820.0	41
谈家常	副教授	1760.0	38

图 7-9 “教授与副教授的收入情况”查询结果

④ 在“筛选”选项卡上设置筛选条件。输入筛选条件:zc. zc = "教授" Or zc. zc = "副

教授"。

⑤ 在"排序依据"选项卡上设置输出顺序。在"排序依据"选项卡上，把"选定字段"列表框中的"个人收入"添加到"排序条件"列表框中。

⑥ 完成上述的查询设计后，右击"查询设计器"，选择"运行查询"菜单项，即可以运行查询，如图 7-9 所示；选择"查看 SQL"菜单项，即可以查看所设计查询的 SELECT-SQL 语句。

二、本地视图的创建

可以使用视图设计器和使用 CREATE SQL VIEW 命令创建本地视图。

1. 使用视图设计器创建本地视图。

在"项目管理器"窗口中选择一个数据库，选择"本地视图"，再选择"新建"按钮，打开"视图设计器"窗口。或者在数据库已经打开时，使用 CREATE SQL VIEW 命令显示"视图设计器"窗口。

训练 5　创建一个本地视图（viewjsjbgz），要求结果中包含工号、姓名、职称和该教师的基本工资等字段，并按职称和基本工资排序。

① 在 sjk 库中新建一个本地视图。

② 在"添加表或视图"对话框（图 7-2）中选择三张表：zc、js 和 gz，并将它们添加到"视图设计器"中；建立三张表之间的联接关系：js. zcdh = zc. zcdh 和 js. gh = gz. gh。

③ 在"视图设计器"的"字段"选项卡上选定输出字段 js. gh、js. xm、zc. zc 和 gz. jbgz。

④ 在"排序依据"选项卡上选择 zc. zc 和 gz. jbgz 字段，添加到"排序条件"列表框中，作为排序的条件，在"排序选项"框中可选择按"升序"或"降序"来排序，这里对排序的两个字段均选择"降序"。

⑤ 保存视图，取名为 viewjsjbgz。

⑥ 完成上述的视图设计后，单击"常用"工具栏上的"运行"按钮 ! ，或右击"视图设计器"，选择"运行查询"菜单项，即可以运行视图。

从上面的视图设计过程中可以看出：使用视图设计器基本上与使用查询设计器一样，但在"视图设计器"窗口中多了一个选项卡——"更新条件"选项卡（参照本节第三部分）。

2. 使用 CREATE SQL VIEW 命令创建本地视图。

训练 6　创建一个本地视图（viewxs），要求结果中包含 xs 表的所有字段。

使用 CREATE SQL VIEW…AS…命令创建该视图，该视图选择了 sjk 数据库中的 xs 表的所有字段：

```
CREATE SQL VIEW viewxs AS SELECT * FROM sjk!xs
```

三、视图的使用

1. 视图的打开、关闭和删除。

（1）视图的打开。

视图的打开和关闭与表的打开和关闭基本相似。以下三种方法均可以打开视图：

① 在"项目管理器"中打开视图。在实验 07 项目管理器中的 sjk 库下，选择 viewjsjbgz，单击"浏览"按钮，则视图被打开，并显示在浏览窗口中。

此外,打开视图时,此视图的基表也同时打开。在“数据工作期”窗口中可以看到打开的视图的别名和此视图的基表。

② 在“数据工作期”窗口中打开视图。选择“窗口”菜单中的“数据工作期”菜单项,打开“数据工作期”窗口(图 7-10),单击“打开”按钮,显示“打开”对话框。在“打开”对话框的“数据库”组合框中选择 sjk 库,在“选定”框中选择“视图”,在“数据库中的视图”列表框中选择要打开的视图名,单击“确定”按钮。此时,在“数据工作期”窗口中可以看到被打开的视图及其基表。

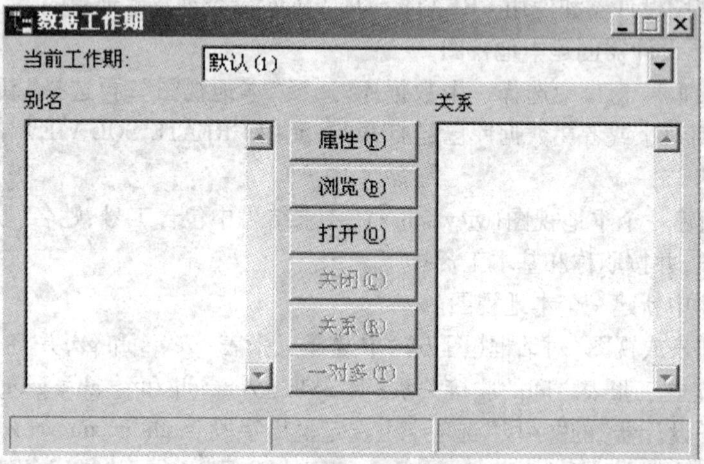

图 7-10 “数据工作期”窗口

③ 使用 USE 命令打开视图。在“命令”窗口中执行如下命令:

```
OPEN DATABASE sjk
USE viewjsjbgz
BROWSE
```

使用 USE 命令可以在多个工作区中多次打开一个视图,而不必使用 AGAIN 子句:

```
SELECT 5
USE viewjsjbgz                    && 在5号工作区以别名E打开
SELECT 6
USE viewjsjbgz                    && 在6号工作区以别名F打开
```

(2) 视图的关闭。

① 在“数据工作期”窗口中关闭视图。在“数据工作期”窗口中选择要关闭的视图 viewjsjbgz,单击“关闭”按钮,则该视图被关闭。

② 在“命令”窗口中执行以下命令可以关闭打开的视图 viewjsjbgz:

```
SELECT viewjsjbgz
USE                               && 关闭 viewjsjbgz 视图
```

或在打开视图后执行如下命令:

```
CLOSE TABLES ALL                  && 关闭当前数据库所有的表和视图
```

或在打开视图后执行如下命令：

```
CLOSE DATABASE              && 关闭所有数据库,则库中的所有视图被关闭
```

(3) 视图的删除。

① 在"项目管理器"中删除视图。在"项目管理器"中选择要删除的视图 viewjsjbgz,单击"移去"按钮,出现"确实要从数据库中移去视图吗?"对话框(图 7-11),在对话框中单击"移去"按钮,则视图被删除。

图 7-11　项目管理器中移去视图对话框

② 使用 DELETE VIEW 命令删除当前数据库中的视图。在"命令"窗口中执行下列命令：

```
OPEN DATABASE sjk
DETELE VIEW viewjsjbgz      && 删除 sjk 库中的视图 viewjsjbgz
```

2. 创建视图索引。

可以使用 INDEX ON 命令,为视图创建本地索引,创建过程与表一样。以下的命令就是为视图 viewjsjbgz 创建了一个名为 gh 的本地索引(以 viewjsjbgz 视图中的 gh 字段作为索引表达式)：

```
OPEN DATABASE sjk
USE viewjsjbgz
INDEX ON gh TAG gh          && 以 gh 字段作为索引表达式建立名为 gh 的索引
```

视图的索引不同于表的索引,它们并不是永久保存的,随着视图的关闭而消失。

3. 用数据字典定制视图。

由于视图存在于数据库中,所以可以对视图创建标题、视图注释以及视图的字段注释、视图字段的默认值、字段级和记录级规则以及规则的错误信息。

视图的数据字典在功能上与数据库表的相应部分非常相似。可以使用两种方法来创建视图字段的标题、注释、默认值和规则。以创建 viewjsjbgz 视图的 zc 字段的标题属性为例：

① 在"视图字段属性"对话框中设置视图字段的属性。在 viewjsjbgz 视图的"视图设计器"窗口中的"字段"选项卡中,选择"属性"按钮,打开"视图字段属性"对话框(图 7-12),设置视图 viewjsjbgz 中字段 zc 的标题属性为"职称"。

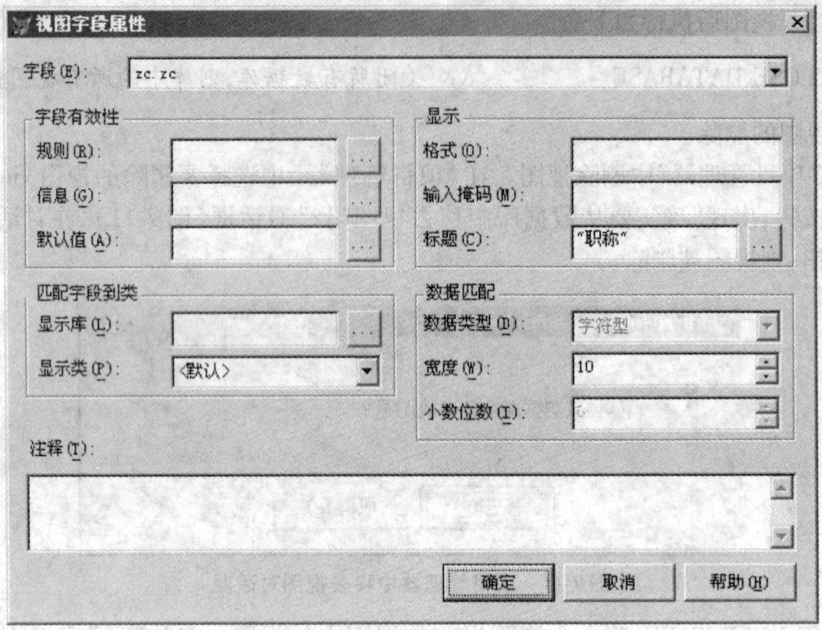

图 7-12　viewjsjbgz 视图中 zc. zc 字段的属性对话框

② 使用 DBSETPROP( )函数设置视图字段的各种属性。可以使用下面的命令来创建 viewjsjbgz 视图 zc 字段的标题属性：

```
DBSETPROP("viewjsjbgz.zc","FIELD","Caption","职称")
```

同样可以使用 DBSETPROP( )函数来设置注释(Comment)、默认值(DefaultValue)、字段级验证规则(RuleExpression)和规则的错误信息(RuleText)等字段属性。

四、使用视图更新源表数据

1. 修改视图中的数据。

查询和视图的设计过程类似，但也存在重大区别。查询的结果是不可更新的，而视图中的数据则是可以更新的。

① 在"命令"窗口中执行下列命令：

```
SET DATABASE TO sjk
UPDATE viewjsjbgz SET jbgz = 1000
BROWSE
```

则视图 viewjsjbgz 中 jbgz 字段将被更新为 1000。

② 除了使用命令修改视图的数据外，在浏览窗口中，也可以随意修改其中的数据，但这些修改现在都不会被发送到基表。例如：

```
SELECT gz
BROWSE                          && 可以看到 gz 表中的 jbgz 字段数据依旧
```

要使得视图中的数据更新被发送到基表，必须设置视图的更新条件。

2. 在“视图设计器”中设置更新条件。

打开视图 viewjsjbgz 的“视图设计器”窗口，在“更新条件”选项卡（图7-13）中可以控制把对数据的修改回送到数据源中的方式，也可以打开和关闭对表中字段的更新。

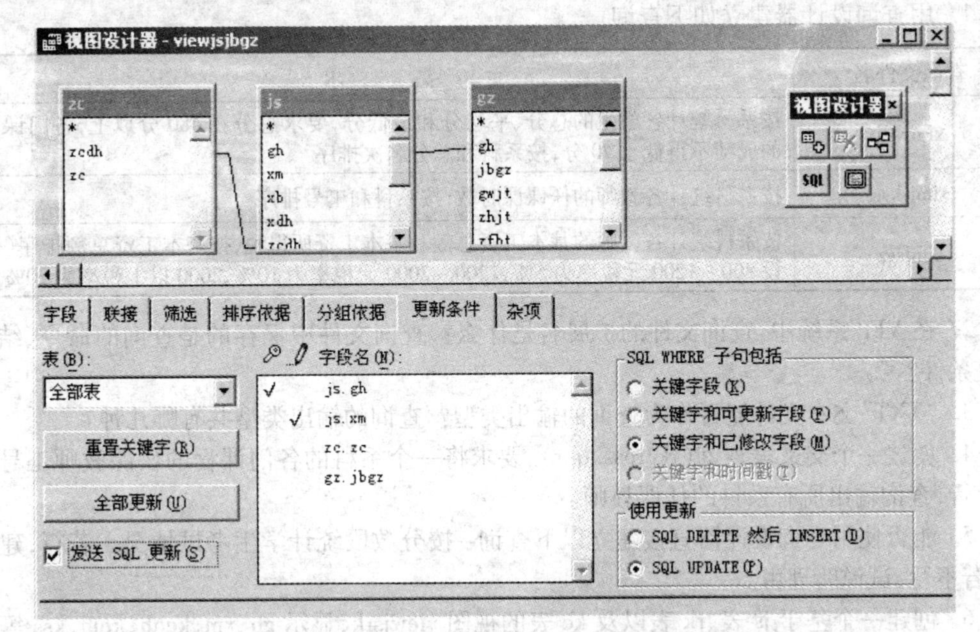

图7-13　视图设计器中的“更新条件”选项卡

以下设置使 viewjsjbgz 视图中 xm 字段的更新能发送到源表 js 表的 xm 字段。

① 在“表”下拉列表框中选择“全部表”。

② 在“字段名”列表中设置 js.gh 为关键字段，设置 js.xm 字段可更新。

③ 选择“发送 SQL 更新”复选框。

上述操作等价于下列命令：

```
=DBSETPROP("viewjsjbgz.gh","Field","KeyFiled",.T.)
=DBSETPROP("viewjsjbgz.xm","Field","UpdateName","js.xm")
=DBSETPROP("viewjsjbgz","View","SendUpdates",.T.)
```

3. 检验视图对基表的更新。

保存上述对 viewjsjbgz 视图的修改，在“命令”窗口中执行下列命令：

```
UPDATE viewjsjbgz SET xm="王二平";
    WHERE viewjsjbgz.gh="E0001"
SELECT viewjsjbgz
USE
SELECT js
BROWSE FOR js.gh="E0001"
```

可以发现视图 viewjsjbgz 和其源表 js 的 xm 字段在相应记录上（js.gh="E0001"）的数据均发生了更新。

实验思考题

1. 用查询设计器建立如下查询：

查询文件名	要　　求
ximxscj	按系科统计各学生的总分、平均分和最低分，要求总分在480分以上，各门课程的成绩不得低于70分，按系科和总分名次排序
ximjskss	按系科统计各教师的任课课时数，按系科和工号排序
ximjsgz	按系科统计各教师的基本工资总额和基本工资所得税，按基本工资总额排序（假设800～1200元税率为5%，1200～2000元税率为10%，2000以上税率为20%）

2. 在VFP系统中，查询文件的扩展名是什么？查询文件中保存的是查询的命令、结果还是条件？

3. "TXT"文本文件能否作为查询的输出类型？查询的输出类型共有哪几种？

4. 创建一个交叉表查询（rkcross. qpr），要求将一个系科的各门课程的任课教师工号放在一行，查询输出所有系科的任课教师。

5. 能否使用查询设计器直接建立以下查询：按分数段统计学生考试情况。若行，建立之；若不行，试说明理由。

6. 创建一个基于js表、rk表以及kc表的视图viewjsrk，显示gh、xm、kcdh、kcm、kss等字段。要求视图可更新kc表的kcm和kss字段。

7. 创建一个基于viewjsrk视图和职称表zc的查询。要求列出视图中的所有字段、教师职称和每个教师的总课时数，输出总课时数大于4的记录。

8. 创建一个基于viewjsrk视图的视图。要求显示教师姓名、任课课程名以及该课程的课时数，在该视图中对课时数的更新允许发送到其源表——kc表。

9. 创建一个基于xs表、cj表和kc表的参数化视图viewxscj，显示xh、xm、kcdh、kcm和cj等字段，使得该视图可以根据输入的课程代号参数，输出该课程每个学生的成绩。

实验8　SELECT-SQL语句

实验要求

1. 本实验建议在两课时内完成。
2. 掌握SELECT-SQL语句的基本语法。
3. 了解SELECT-SQL语句的各个子句与查询设计器中操作的对应关系。

实验准备

1. 复习教材4.3节的内容。

2. 启动VFP软件,设置默认工作文件夹为“d:\vfp\实验08”。

3. 打开工作文件夹中的项目文件“实验08”。

一、查看一个查询的SELECT-SQL语句

1. 正如前面所说,查询设计器最终是生成一条SELECT-SQL语句,因此在查询设计器中可以查看SELECT-SQL语句。

2. 使用TYPE命令显示一个查询的SELECT-SQL语句。在“命令”窗口中执行如下命令:

```
TYPE kcximxscj.qpr
```

kcximxscj.qpr查询的SELECT-SQL语句将显示在主窗口中。

3. 使用MODIFY COMMAND或MODIFY FILE命令把SELECT-SQL语句显示在程序编辑窗口中。在“命令”窗口中执行如下命令:

```
MODIFY COMMAND kcximxscj.qpr
```

在程序的编辑窗口中,不仅可以查看kcximxscj.qpr查询的SELECT-SQL语句,而且可以进行编辑修改该查询的SELECT-SQL语句。

二、SELECT-SQL语句的使用

在“命令”窗口或程序编辑窗口中输入SELECT-SQL命令,可以对数据库中数据进行查询操作。

1. 指定查询中的列和用FROM子句指定数据源表。

训练1 显示js表中所有教师的工号和姓名。

```
SELECT js.gh, js.xm FROM sjk!js
```

2. 用WHERE子句筛选源表记录和确定源表之间的联接。

训练2 显示xs表和cj表中学号以“99”开头的学生的学号、姓名、课程代号以及该课程的成绩。

```
SELECT xs.xh, xs.xm, cj.kcdh, cj.cj;
    FROM sjk!xs, sjk!cj;
    WHERE xs.xh = cj.xh AND LIKE("99 *",xs.xh)
```

3. 用…JOIN…ON子句确定源表间的联接。

训练3 显示js表、rk表和kc表中工号以“A”开头的教师的工号、姓名、专业代号、课程代号、课程名以及该课程的课时数。

```
SELECT js.gh, js.xm, rk.zydh, rk.kcdh, kc.kcm, kc.kss;
    FROM sjk!js INNER JOIN sjk!rk INNER JOIN sjk!kc;
```

```
    ON rk. kcdh = kc. kcdh ON js. gh = rk. gh;
    WHERE LIKE("A *",js. gh)
```

4. 用 INTO 子句和 TO 子句指定输出类型。

训练 4 显示 js 表和 zc 表中职称为“教授”的所有教师的 gh、xm、csrq、gzrq 和 zc，并将结果保存到临时表 jszctemp 中。

```
SELECT js. gh, js. xm, js. csrq, js. gzrq, zc. zc;
    FROM   sjk!js INNER JOIN sjk!zc;
    ON   js. zcdh = zc. zcdh;
    WHERE zc. zc ="教授";
    INTO CURSOR jszctemp              && 输出到临时表中
DIR jszctemp. dbf                     && 发现磁盘上不存在 jszctemp. dbf 文件
INDEX ON gh TO jsgzghtemp. idx        && 建立临时表的索引
USE rk ORDER TAG gh IN 0
SELECT jszctemp
SET RELATION TO gh INTO rk            && 建立临时表与 rk 表的临时关系
SELECT rk
BROWSE
SELECT jszctemp
BROWSE
```

在 jszctemp 临时表中移动记录指针，查看 rk 表浏览窗口中记录的变动情况。

5. 用 GROUP BY 子句定义记录的分组依据。

训练 5 查询 cj 表和 kc 表中每门课程的 kcdh、kcm、选课人数、总成绩和最高分，并把查询结果保存到 kccj 表文件中。

```
SELECT cj. kcdh, kc. kcm, COUNT(cj. cj) AS 选课人数, SUM(cj. cj) AS 总成绩,;
    MAX(cj. cj) AS 最高分;
    FROM   sjk!cj INNER JOIN sjk!kc;
    ON   cj. kcdh = kc. kcdh;
    INTO TABLE kccj. dbf;
    GROUP BY cj. kcdh
```

6. 用 ORDER BY 子句指定查询结果的排列顺序。

将上例中的查询最终先按总成绩的降序，再按课程代号的升序来排序。代码如下所示：

```
SELECT cj. kcdh, kc. kcm, COUNT(cj. cj) AS 选课人数, SUM(cj. cj) AS 总成绩,;
    MAX(cj. cj) AS 最高分;
    FROM   sjk!cj INNER JOIN sjk!kc;
    ON   cj. kcdh = kc. kcdh;
    INTO TABLE kccj. dbf;
    GROUP BY cj. kcdh;
```

```
    ORDER BY 4 DESC, cj. kcdh
```

7. 用 HAVING 子句筛选结果记录。

训练 6　查询 xim 表、xs 表和 cj 表中“信息管理系”学生的 xh、xm、xim、总成绩、平均成绩以及最低分，要求输出总分不低于 480 分，最低分不低于 60 分的所有学生学习情况，最终按学生 xh 进行排序。

```
SELECT xs. xh, xs. xm, xim. ximing, SUM(cj. cj) AS 总成绩, AVG(cj. cj) AS 平均成绩,;
    MIN(cj. cj) AS 最低分;
    FROM   sjk!xim INNER JOIN sjk!xs INNER JOIN sjk!cj;
    ON   xs. xh = cj. xh   ON   xim. xdh = xs. xdh;
    WHERE xim. ximing ="信息管理系";
    GROUP BY xs. xh;
    HAVING 总成绩 >=480 AND 最低分 >=60
```

8. 用 ALL/DISTINCT/TOP 指定输出结果的记录数和有无重复记录。

训练 7　查询 xs 表和 cj 表中学生的 xh、xm 以及总成绩，要求输出总分前 5 名的学生学习情况。

```
SELECT TOP 5 xs. xh, xs. xm, SUM(cj. cj) AS 总成绩;
    FROM   sjk!xs INNER JOIN sjk!cj   ON   xs. xh = cj. xh;
    GROUP BY xs. xh;
    ORDER BY 3 DESC
```

训练 8　查询 cj 表学生的 xh，(不)允许输出重复记录。

```
SELECT cj. xh FROM sjk!cj                     && 允许重复记录
SELECT DISTINCT cj. xh FROM sjk!cj            && 不允许重复记录
```

9. 用 UNION 子句将多个查询结果组合起来形成组合查询。

训练 9　查询 xim 表、js 表和 gz 表中各系科教师基本工资总额、各系科每个教师的基本工资以及全校所有教师基本工资总额。要求结果中包含三个列：系名、姓名和工资，并按系名排序。

```
SELECT   xim. ximing AS 系名,SPACE(8) AS 姓名,;
    SUM(gz. jbgz) AS 工资;
    FROM   sjk!xim INNER JOIN sjk!js INNER JOIN sjk!gz;
    ON   js. gh = gz. gh ON   xim. xdh = js. xdh;
    GROUP BY xim. xdh;
    UNION;
SELECT xim. ximing AS 系名, js. xm AS 姓名, gz. jbgz AS 工资;
    FROM   sjk!xim INNER JOIN sjk!js   INNER JOIN sjk!gz;
    ON   js. gh = gz. gh ON   xim. xdh = js. xdh;
    UNION;
```

```
SELECT  "总额"+SPACE(14) AS 系名, SPACE(8) AS 姓名,;
    SUM(gz.jbgz) AS 工资;
    FROM   sjk!xim INNER JOIN sjk!js INNER JOIN sjk!gz;
    ON   js.gh=gz.gh ON   Xim.xdh=js.xdh;
    ORDER BY 1
```

10. 使用子查询。

训练 10 查询 js 表中已担任课程教师的姓名和该教师所在系名。

```
SELECT js.xm, xim.ximing;
    FROM   sjk!js INNER JOIN sjk!xim   ON   js.xdh=xim.xdh;
    WHERE js.gh IN (SELECT DISTINCT rk.gh FROM sjk!rk)
```

训练 11 查询 zy 表中尚未招收学生的专业。

```
SELECT * FROM sjk!zy;
    WHERE zy.zydh NOT IN (SELECT DISTINCT xs.zydh FROM sjk!xs)
```

三、其他 SQL 语句的使用

1. 创建表 CREATE TABLE-SQL 语句。

使用 CREATE TABLE-SQL 语句创建 cj2 表(包括 xh、kcdh 和 cj 字段)。在“命令”窗口中输入以下命令:

```
CREATE TABLE cj2(xh C(8),kcdh C(4),cj N(3))
```

2. 修改表结构 ALTER TABLE-SQL 语句。

将成绩表的 xh 字段更名为 xsxh,可以使用 ALTER TABLE-SQL 语句:

```
ALTER TABLE cj2 RENAME COLUMN xh TO xsxh
```

使用 ALTER TABLE-SQL 语句不仅可以修改字段的名字,还可以增加字段、删除字段、修改字段的其他属性。

3. 插入记录 INSERT-SQL 语句。

可以使用 INSERT-SQL 语句在 xs 表中插入一条记录,具体命令如下:

```
INSERT INTO xs(xh,xm,xb,jg) VALUES("990205","王真","男","江苏南京")
```

4. 修改记录 UPDATE-SQL 语句。

将上面插入 xs 表的记录中的学生籍贯更改为“浙江杭州”,可以在“命令”窗口中输入以下命令:

```
UPDATE xs SET jg="浙江杭州" WHERE xh="990205"
```

5. 删除记录 DELETE-SQL 语句。

将上面插入 xs 表的记录加注删除标记,可以在“命令”窗口中使用以下命令:

```
DELETE FROM xs WHERE xh="990205"
```

要将表记录彻底物理删除，则使该记录加注删除标记之后，在“命令”窗口中输入：

PACK

实验思考题

1. SELECT-SQL 语句中常用的合计函数有哪些？在哪些情况下需要使用这些函数？

2. 试用不同方法查看下列查询的 SELECT-SQL 语句：

(1) 使用查询设计器查看查询 ximjsgz. qpr 的 SELECT-SQL 语句。

(2) 使用 TYPE 命令查看查询 cjcross. qpr 的 SELECT-SQL 语句。

(3) 使用 MODIFY COMMAND 或 MODIFY FILE 命令修改查询 zcjsgz. qpr。

3. 用 SELECT-SQL 命令建立如下查询：

(1) 按系科统计男同学的总分和平均分，按系科和总分名次排序。

(2) 统计“信息管理系”各教师的任课课时数，按系科、工号和职称排序。

(3) 查询所有学生的学习成绩以及按学号统计各学生的总分。

(4) 查询尚未选课的所有学生的基本情况。

第5章

程序设计基础

本章实验的总体要求是：掌握各种常量的表示、变量的赋值、常用函数的功能和使用、各种类型表达式的表示，初步掌握结构化程序设计的方式。

实验9　结构化程序的创建与设计

实验要求

1．本实验建议在两课时内完成。
2．掌握创建、编辑和运行程序的方法。
3．初步掌握条件语句、循环语句的功能和使用方法。
4．掌握程序调试的一般方法。

实验准备

1．学习教材5.2节的内容。
2．启动VFP软件，设置默认工作文件夹为“d:\vfp\实验09”。
3．打开工作文件夹中的项目文件“实验09”。

实验内容

一、创建程序文件

在VFP中，程序文件是指以“.prg”为扩展名保存的文件，其内容是VFP中可执行的命令序列。按下列步骤进行实验，以学习创建程序文件的方法：

① 选择“项目管理器”窗口中的“代码”选项卡，单击“程序”选项，单击窗口中的“新建”命令按钮（注：在VFP中，创建一个新文件的操作方法有多种，但通过项目管理器创建，则新建的对象自动地添加到项目中，便于操作）。

② 在出现的编辑窗口中输入程序,如图 9-1 所示(在程序中通常会输入一些注释内容,以增加程序的可读性)。

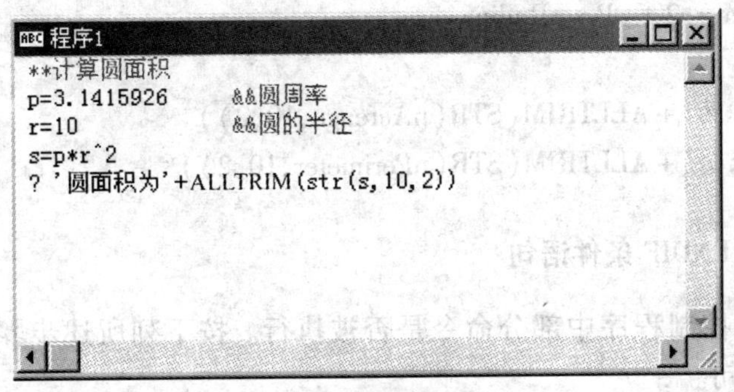

图 9-1　程序编辑窗口

③ 单击“常用”工具栏上的“保存”按钮,在出现的对话框中输入文件名“mypro1”并予以保存。

④ 关闭图 9-1 编辑窗口(在关闭编辑窗口时,如还未保存程序,系统会显示提示框,询问是否需要保存)。

二、运行程序

常用的运行程序的方法有三种:

- 对于已创建的程序,在“项目管理器”窗口中单击需运行的程序文件(如 mypro1),然后单击“项目管理器”窗口中的“运行”命令按钮。
- 在“命令”窗口中输入并执行命令:

```
DO mypro1
```

- 如果程序处于编辑状态,单击“常用”工具栏上的“运行”按钮即可运行该程序。

程序运行过程中、运行结束时,是否有信息显示、以什么方式显示等,由程序中的命令决定。例如,运行程序文件 mypro1,将会在 VFP 主窗口中显示圆面积。请自行实验,以体会上述介绍的三种运行程序的方法。

(注:在程序运行过程中,不可按键盘上的 <Esc> 键、<F1> ~ <F12> 等功能键。)

三、编辑程序文件

在“项目管理器”窗口中双击需要编辑的程序文件,或单击程序文件后单击该窗口中的“修改”命令按钮,可以将程序在编辑窗口中打开。编辑(即修改)结束后,单击“常用”工具栏上的“保存”按钮,关闭编辑窗口。

在程序设计、调试过程中,通常需要多次、交替地运行和编辑程序,直至程序达到预期的功能。

实验时,请修改程序 mypro1,使该程序既计算、显示圆面积,又计算、显示圆周长。修改后的参考程序如下:

```
** 计算圆面积
nP = 3.1415926              && 圆周率
```

```
nRadius =10                &&圆的半径
nAcreage =  nP * nRadius ^2
nPerimeter = 2 * nP * nRadius
CLEAR
?'圆面积为'+ALLTRIM(STR(nAcreage,10,2))
?'圆周长为'+ALLTRIM(STR(nPerimeter,10,2))
```

四、使用 IF…ENDIF 条件语句

条件语句可以控制程序中部分命令是否被执行。按下列所述步骤进行实验,以学习IF…ENDIF条件语句。

① 创建程序文件 test_if,程序如下:

```
*****程序功能:显示所按键
CLEAR
WAIT WINDOWS "请按键" TO cKey          &&请利用帮助系统查看、学习该命
                                          令的功能
IF BETWEEN(cKey,"0","9")               &&BETWEEN()函数可用 VAL()函
                                          数替代,如何实现?
    ?"按的键为数字键"+cKey
ENDIF
```

② 保存后运行该程序两次以上。每次运行按不同的数字键,但至少有一次运行时按数字键以外的键(例如,按字母键,这时应无显示)。

③ 修改程序文件 test_if,修改后的程序如下:

```
*****程序功能:显示所按键
CLEAR
WAIT WINDOWS "请按键" TO cKey
IF BETWEEN(cKey,"0","9")
    ?"按的键为数字键"+cKey
ELSE
    ?"按的键不是数字键"
ENDIF
```

④ 保存后运行该程序两次以上。每次运行按不同的数字键,至少有一次运行时按数字键以外的键(例如,按字母键)。

⑤ 修改程序文件 test_if,修改后的程序如下:

```
*****程序功能:显示所按键
CLEAR
WAIT WINDOWS "请按键" TO cKey
IF BETWEEN(cKey,"0","9")
```

```
        ?"按的键为数字键"+cKey
    ELSE
        IF BETWEEN(cKey,"a","z") OR BETWEEN(cKey,"A","B")     && 条件语句
                                                                  嵌套
                ?"按的键是字母键"+cKey
        ELSE
                ?"按的键既不是数字键,也不是字母键!"
        ENDIF
    ENDIF
```

⑥ 保存后运行该程序三次以上。至少分别有一次运行时按数字键、字母键和空格键。

五、使用 DO CASE…ENDCASE 条件语句

在根据条件进行不同的处理时,如果需要处理两个以上的条件,使用 IF…ENDIF 条件语句时必须嵌套。为了增加程序的可读性,可以使用 DO CASE…ENDCASE 条件语句。按下列所述步骤进行实验,以学习 DO CASE…ENDCASE 条件语句。

① 创建程序文件 test_case,程序如下:

```
*****程序功能:显示所按键
CLEAR
WAIT WINDOWS "请按键" TO cKey
DO CASE
    CASE BETWEEN(cKey,"0","9")
        ?"按的键为数字键"+cKey
    CASE BETWEEN(cKey,"a","z") OR BETWEEN(cKey,"A","B")
        ?"按的键是字母键"+cKey
    CASE cKey=SPACE(0)
        ?"按的键为空格键!"
    CASE cKey=CHR(13)
        ?"按的键为回车键!"
    OTHERWISE
        ?"按的键不是数字键、字母键、空格键、回车键!"
ENDCASE
```

② 保存后运行该程序五次以上。每次运行按不同键,至少分别有一次为数字键、字母键、空格键、回车键和其他键(例如,按标点符号键)。

六、使用 FOR…ENDFOR 循环语句

使用循环语句可以使得程序中的一组语句多次地被执行,以完成某种功能。按下列所述步骤进行实验,以学习 FOR…ENDFOR 循环语句。

① 创建程序文件 test_for,程序如下:

```
******程序功能:计算阶乘
CLEAR
nResult = 1
FOR n = 1 TO 5
    nResult = nResult * n
ENDFOR
? "5! =" + ALLT(STR(nResult))
```

② 保存后运行该程序。

③ 修改程序文件 test_for,修改后的程序如下:

```
******程序功能:计算阶乘
CLEAR
m = 15
nResult = 1
FOR n = 1 TO m
    nResult = nResult * n
? STR(n) + "! =" + ALLT(STR(nResult))
ENDFOR
```

④ 保存后运行该程序。

七、使用 DO WHILE…ENDDO 循环语句

一般说来,如果预知循环的次数,可以使用 FOR…ENDFOR 循环语句,否则可用 DO WHILE…ENDDO 循环语句。按下列所述步骤进行实验,以学习 DO WHILE…ENDDO 循环语句。

① 创建程序文件 test_dowhile,程序如下:

```
******程序功能:将非汉字字符组成的字符串反序显示(例如,将 Microsoft 显示为
        tfosorciM)
CLEAR
cString = "DO WHILE… ENDDO Command"
cResult = cString + "的反序显示为"
DO WHILE LEN(cString) > 0
    cResult = cResult + RIGHT(cString,1)
    cString = SUBSTR(cString,1,LEN(cString) - 1)
ENDDO
? cResult
```

② 保存后运行该程序。

八、循环语句与条件语句混合使用

在实际应用中,经常需要循环语句与条件语句混合使用,特别是在循环语句中嵌套条件

语句。创建并运行程序文件 test_dowhile_if,该程序如下:

```
****** 程序功能:统计由 ASCII 码字符组成的字符串中包含字母的个数
CLEAR
cString ="The United States of America is abbreviated to U. S. A.."
nResult =0
DO WHILE LEN(cString) >0
    c = LEFT(cString,1)
    IF      BETWEEN(c,"a","z") OR BETWEEN(c,"A","B")
            nResult = nResult + 1
    ENDIF
    cString = SUBSTR(cString,2)
ENDDO
? "包含" + ALLT(STR(nResult)) + "个英文字母"
```

九、在循环语句中使用 LOOP 语句

创建并运行程序文件 test_loop,该程序如下:

```
****** 程序功能:统计由 ASCII 码字符组成的字符串中包含字母的个数
CLEAR
cString ="The United States of America is abbreviated to U. S. A.."
nResult =0
m = LEN(cString)
FOR n =1 TO m
    c = SUBSTR(cString,n,1)
    IF      !BETWEEN(c,"a","z") AND !BETWEEN(c,"A","Z")
        LOOP
    ENDIF
    nResult = nResult + 1
ENDFOR
? "包含" + ALLT(STR(nResult)) + "个英文字母"
```

十、在循环语句中使用 EXIT 语句

创建并运行程序文件 test_exit,该程序如下:

```
*** 程序功能:计算数列 1,1/2,1/3,1/4,…,1/n…之和
*** 当某一项的值与前一项的值之差小于 0.001 时停止计算
CLEAR
n =1
m =1
nSum =0
```

```
DO WHILE .T.
     nSum = nSum + 1/n
     m = 1/n
     n = n + 1
     IF m - 1/n < 0.001
            EXIT
     ENDIF
ENDDO
?"该数列的和为:",nSum
```

十一、自定义函数的创建与使用

每个过程和自定义函数可以作为独立的程序文件保存,或多个过程和自定义函数保存在一个称为“过程文件”的程序文件中,或位于一个程序的底部。

1. 将自定义函数以独立的程序文件保存。

在开发某一应用系统时,如仅需要创建一个自定义函数,则可以将其作为独立的程序文件保存。对于这种情况,定义自定义函数时不需要使用 FUNCTION 命令定义函数名,程序文件名即为函数名。请按如下步骤进行实验:

① 创建程序文件 test_fun,该程序如下:

```
PARAMETERS  num          && 传递一个数值参数 num,返回 num 的阶乘
s = 1
FOR  n = 1  TO  num
     s = s * n
ENDFOR
RETURN  s
```

② 保存程序,关闭编辑窗口,然后在“命令”窗口中执行如下命令:

```
? test_fun(0)
? test_fun(1)
? test_fun(4)
? test_fun(24)
```

2. 过程文件。

在开发某一应用系统时,如需要创建多个自定义函数,则可以将它们保存在一个程序文件中(称为“过程文件”)。请按如下步骤进行实验:

① 创建程序文件 test_proc,该程序如下:

```
******** 自定义函数 jc()用于计算阶乘
FUNCTION jc
PARAMETERS  num                && 传递一个数值参数 num,返回 num 的阶乘
s = 1
```

```
FOR　n =1　TO　num
　s =s * n
ENDFOR
RETURN　s
 ******** 自定义函数 ljh()用于计算累加和
FUNCTION ljh
PARAMETERS　num　　　　　　　&& 传递一个数值参数 num,返回 num 的累加和
s =0
FOR　n =1　TO　num
　s =s +n
ENDFOR
RETURN　s
```

② 保存程序,关闭编辑窗口,然后在"命令"窗口中执行如下命令:

```
SET　PROCEDURE　TO　test_proc　&& 打开过程文件
? jc(5)
? ljh(10)
SET　PROCEDURE　TO　　　　　&& 关闭过程文件
? jc(5)　　　　　　　　　　　&& 因过程文件已被关闭,所以该命令执行时
　　　　　　　　　　　　　　　　报错
```

3. 自定义函数位于程序的底部。

如果创建的一个或多个自定义函数仅供某一个程序调用,则可以在该程序的底部定义自定义函数(即自定义函数与程序"捆绑"在一起)。创建并运行程序文件 test_prg,该程序的功能是计算多项式 $\sum_{n=1}^{10}\frac{(n-1)!}{n!}$ 的值。

```
CLEAR
nResult =0
FOR n =1 TO 10
　nResult = nResult + jc(n -1)/jc(n)
ENDFOR
? nResult
 *********** 以下部分为自定义函数
FUNCTION jc
PARAMETERS　num　　　　&& 传递一个数值参数 num,返回 num 的阶乘
s =1
FOR　n =1　TO　num
　s =s * n
ENDFOR
RETURN　s
```

十二、程序的调试

程序设计既有一定的方法可循,又是一门艺术。在实际编制程序过程中,往往不可能一次就能保证程序是完全正确的,这就需要进行不断的调试。语法错误和逻辑错误是程序中两种常见的错误类型。

1. 语法错误。

通常,程序中的语法错误是较容易发现的,因为这是由于程序中存在错误的命令,在程序执行时系统会出现提示框(提示错误类型)。请按如下步骤进行实验:

① 运行程序文件 error_1(这时会出现如图 9-2 所示的提示框,说明程序中存在错误——不能识别的命令谓词,系统将同时打开程序的编辑窗口并定位到错误点)。

② 单击提示框中的“取消”命令按钮,在编辑窗口中修改错误:将“CLEER”改为“CLEAR”。

③ 保存程序,关闭编辑窗口后,再次执行程序(这时该程序执行正确)。

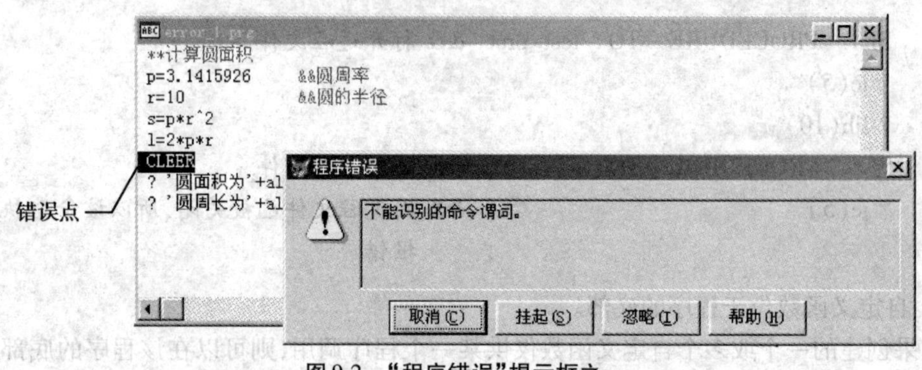

图 9-2 **“程序错误”提示框之一**

④ 运行程序文件 error_2(这时会出现如图 9-3 所示的提示框,说明程序有错——语法错误,错误点为循环语句)。

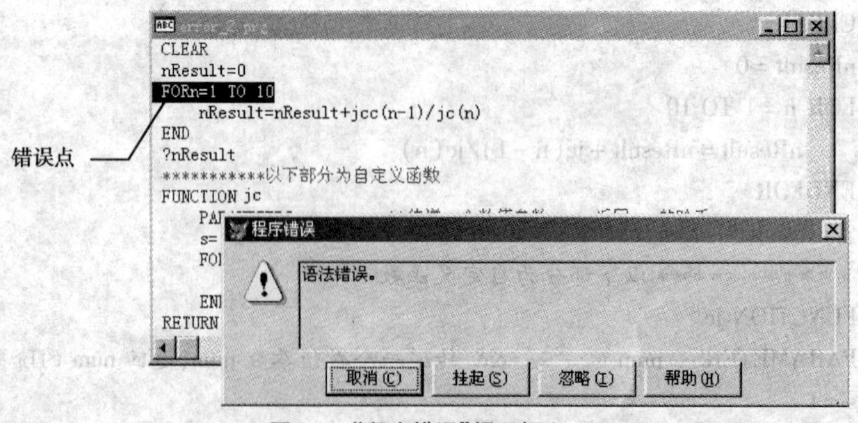

图 9-3 **“程序错误”提示框之二**

⑤ 单击提示框中的“取消”命令按钮,在编辑窗口中修改错误:在“FOR”的后面添加一个空格。

⑥ 保存程序,关闭编辑窗口后,再次执行程序(这时会出现如图 9-4 所示的提示框,说

明程序有错——嵌套错误,错误点为循环语句)。

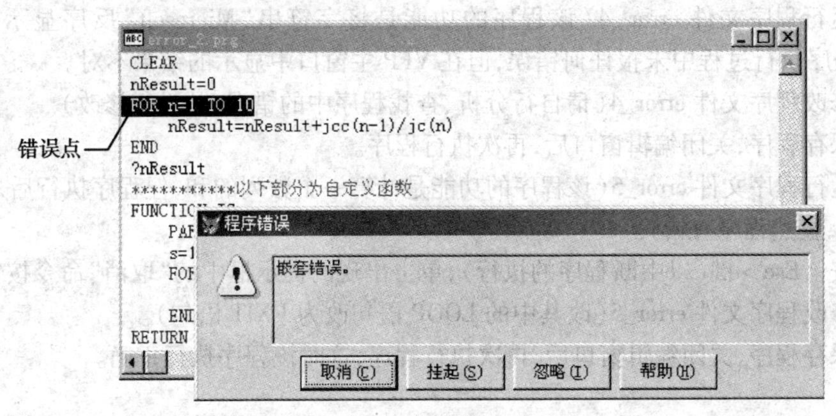

图 9-4　“程序错误”提示框之三

⑦ 单击提示框中的“取消”命令按钮,在编辑窗口中修改错误:与 FOR 配套,应有一个 ENDFOR 语句,将“END”改为“ENDFOR”(在使用条件语句或循环语句时,通常会犯这样的错误)。

⑧ 保存程序,关闭编辑窗口后,再次执行程序(这时会出现如图 9-5 所示的提示框,说明程序有错——语法错误,错误点为循环语句)。

⑨ 单击提示框中的“取消”命令按钮,在编辑窗口中修改错误:将 jcc 改为 jc(因为自定义函数的函数名为 jc)。

⑩ 保存程序,关闭编辑窗口后,再次执行程序,这时该程序执行正确。

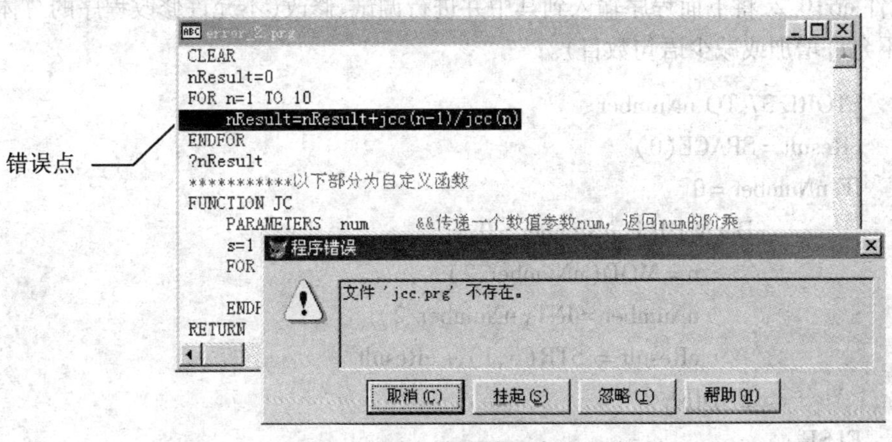

图 9-5　“程序错误”提示框之四

2. 逻辑错误。

逻辑错误(也称为“语义错误”)是指程序能够顺利地执行,但不是预定的功能,即不能得到正确的结果。对于这种错误,程序执行过程中不会出现错误提示框。请按如下步骤进行实验:

① 运行程序文件 error_3(该程序的功能是计算 5!,程序执行过程中未报任何错误,但在 VFP 主窗口中显示“5! = 0”,结果显示有错,即功能实现上有错)。

② 修改程序文件 error_3,将赋值语句“nResult = 0”改为“nResult = 1”。

③ 保存程序,关闭编辑窗口后,再次执行程序(这时该程序执行正确)。

④ 运行程序文件 error_4(该程序的功能是将字符串“Microsoft”反序显示为“tfosorciM”),程序执行过程中未报任何错误,但在 VFP 主窗口中显示的结果不对。

⑤ 修改程序文件 error_4(请自行分析、查找程序中的错误,并进行修改)。

⑥ 保存程序,关闭编辑窗口后,再次执行程序。

⑦ 运行程序文件 error_5(该程序的功能是计算一个数列的和,但程序执行后永不停止、永不结束,显然程序有错)。

⑧ 按 <Esc> 键(以中断程序的执行),单击出现的提示框中的“取消”命令按钮。

⑨ 修改程序文件 error_5(改其中的 LOOP 语句改为 EXIT 语句)。

⑩ 保存程序、关闭编辑窗口后,再次执行程序,这时该程序执行正确。

实验思考题

1. 设已存在一个程序文件 test_pro1。现要创建一个程序文件 test_pro2,其程序是在 test_pro1 基础上修改而成,应如何操作(提示:有三种方式,一是使用菜单命令“文件”→“另存为”,二是利用剪贴板功能,三是利用文件复制功能)?

2. 创建一个自定义函数 ccdow( ),其功能为:根据一个日期值返回用汉字表示的星期。例如,ccdow({^1999/03/01})的返回值为“星期一”(提示:① 利用 DOW 函数;利用 DO CASE 条件语句)。

3. 下面程序的功能是:将十进制数转换成二进制数表示,但该程序有错。请创建一个程序文件 err10_2,将下面程序输入到其中并进行调试、修改(不允许修改程序的总体框架和算法,不允许增加或减少语句数目)。

```
STORE 37 TO nNumber
cResult = SPACE(0)
IF nNumber = 0
        DO WHILE nNumber > 0
            n = MOD(nNumber,2)
            nNumber = INT(nNumber/2)
            cResult =  STR(n,1) + cResult
        ENDIF
ELSE
        cResult ="0"
ENDIF
WAIT WINDOWS "二进制数表示为" + STR(cResult)
```

第6章 表单及其控件的创建与使用

本章实验的总体要求是：熟悉 Visual FoxPro 各类控件的常用属性、相关事件代码的编写、方法的引用，学会使用控件实现应用程序的开发方法。本章的实验分为六个，建议实验课时数为6。

实验10 表单程序的创建与运行

实验要求

1. 本实验建议在1课时内完成。
2. 掌握使用表单设计器创建表单的方法。
3. 会利用表单设计器对由表单向导生成的表单进行修改。
4. 掌握为表单设置常用属性的方法，掌握简单事件处理代码设置的方法。

实验准备

1. 复习教材6.1～6.3节关于设计表单和创建表单的内容。
2. 启动VFP软件，设置默认工作文件夹为“d:\vfp\实验10”。
3. 打开工作文件夹中的项目文件“实验10”。

实验内容

一、利用表单向导创建基于单个数据表的表单

按以下操作步骤创建用于处理xs表数据的表单：

① 单击“项目管理器”窗口中的“文档”选项卡，单击该选项卡中的“表单”项，使用快捷菜单中的“新建”菜单项。

② 单击“新建表单”对话框中的“表单向导”按钮，双击“向导选取”对话框中的“表单向

导”(或单击“向导选取”对话框中的“表单向导”后单击“确定”按钮)。

③ 字段选取:首先在“数据库/表(D)”列表框中双击 xs 表(如果数据库文件 sjk 未打开,则列表框中无表显示,这时可双击下拉框右侧的“点”按钮以启动“打开”对话框),然后单击“►►”按钮以选取 xs 表的所有字段,结束时单击“下一步”按钮。

④ 样式选用“标准式”,按钮类型选用“图片按钮”,结束时单击“下一步”按钮。

⑤ 依次单击 xh 字段、“添加”按钮、“升序”复选框、“下一步”按钮。

⑥ 在“请键入表单标题”文本框中输入标题“学生情况表”,单击“保存表单,以后使用”复选框,单击“完成”按钮。

⑦ 在“另存为”对话框的“保存表单”文本框中输入表单名 xs_FORM,然后单击“保存”按钮。

⑧ 运行表单:展开“项目管理器”窗口中的“文档”选项卡(从中可以看出表单 xs_FORM 已列在其中)后单击表单 xs_FORM,选择快捷菜单中的“运行”命令。

⑨ 自行实验表单的使用情况,结束时单击表单上的“退出”按钮。

利用表单向导创建的表单,系统提供了表单的相对固定的格式。表单中的命令按钮组(含多个命令按钮)是“动态”的。

根据以上的实验步骤创建的表单是基于单表 xs 的表单,采用同样的步骤可以分别创建基于其他表的表单,请自行实验。

二、利用表单向导创建一对多表单

按以下的操作步骤创建一个基于 xs 表和 cj 表的“一对多”表单(这两个表之间有永久性关系):

① 单击“项目管理器”窗口中的“文档”选项卡,单击该选项卡中的“表单”项,使用快捷菜单中的“新建”菜单项。

② 单击“新建表单”对话框中的“表单向导”按钮,双击“向导选取”对话框中的“一对多表单向导”。

③ 从父表中选定字段:首先在“数据库/表(D)”列表框中双击 xs 表,然后分别双击“可选字段”列表框中的 xh、xm、xb、xdh、zydh、csrq、jg,结束时单击“下一步”按钮。

④ 从子表中选定字段:选取 kc 表中的字段 xh、kcdh、cj。

⑤ 直接单击“下一步”按钮(系统自动地将表之间的永久性关系作为默认关系)。

⑥ 样式选用“浮雕式”,按钮类型选用“文字按钮”,结束时单击“下一步”按钮。

⑦ 依次单击 xh 字段、“添加”按钮、“升序”复选框、“下一步”按钮。

⑧ 在“请键入表单标题”文本框中输入标题“学生成绩情况”,单击“保存表单,以后使用”复选框,单击“完成”按钮。

⑨ 在“另存为”对话框的“保存表单”文本框内输入表单名 xscj_FORM,然后单击“保存”按钮。

⑩ 展开“项目管理器”窗口中的“文档”选项卡后单击表单 xscj _FORM,选择快捷菜单中的“运行”菜单项。

⑪ 自行实验表单的使用情况,结束时单击表单上的“退出”按钮。

表单 xscj _FORM 运行后如图 10-1 所示。

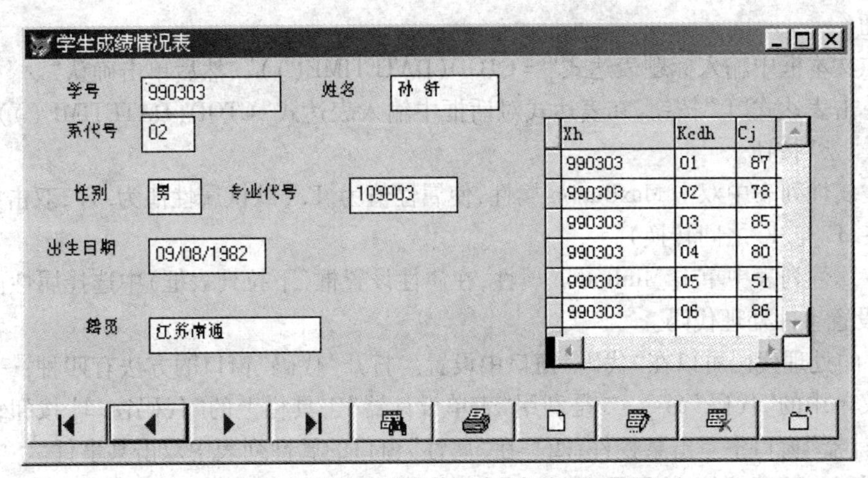

图 10-1　“学生成绩情况表”表单运行界面

三、利用表单设计器创建、修改表单

利用表单设计器,可以创建新的表单,也可以修改已有表单。

1. 打开表单设计器。

单击“项目管理器”窗口中的“文档”选项卡,单击该选项卡中的“表单”项,使用快捷菜单中的“新建”菜单项,然后单击“新建表单”对话框中的“新建表单”按钮,则系统打开“表单设计器”。

2. 打开/关闭工具栏。

与表单设计相关的工具栏有“表单设计器”工具栏、“表单控件”工具栏、“布局”工具栏、“调色板”工具栏。

“表单设计器”打开后,系统默认打开“表单设计器”工具栏与“表单控件”工具栏。关闭后利用“显示”菜单中的“工具栏”命令打开。

利用“表单设计器”工具栏上的按钮可打开/关闭“布局”工具栏、“调色板”工具栏;利用“显示”菜单中的“工具栏”命令也可打开/关闭。

3. 打开“属性”窗口。

“属性”窗口的打开方法有三种:一是利用“表单设计器”工具栏上的按钮打开/关闭“属性”窗口;二是利用“显示”菜单中的“属性”命令;三是在“表单设计器”中单击某对象后使用快捷菜单。

● 利用 Visual FoxPro“帮助”系统查看“属性”窗口的说明:单击“帮助”菜单、“Microsoft Visual FoxPro 帮助主题”、“目录”、“界面参考”、“窗口”、“属性”窗口。

● 在“属性”窗口的属性列表中分别单击各个属性,注意查看属性设置框的变化。

4. 属性的设置。

在“属性”窗口中设置属性时,属性设置框有时是只读的,有时是下拉列表框,有时是文本框。通过表单的 Caption(标题)、MaxButton(最大化按钮)和 MinButton(最小化按钮)等属性的设置掌握属性设置的一般方法。每次属性值设置后,请注意查看表单外观的变化。

● 在“表单设计器”中单击表单(选择设置对象)后,打开“属性”窗口。

● 在属性列表中单击 Caption 属性,在文本框中输入标题“我的表单”,然后单击确认

“✓”按钮。

● 在文本框中输入标题表达式“=CTOD(DATETIME())”,然后单击确认“✓”按钮。

● 单击表达式“f_x”按钮,在表达式对话框中输入表达式“CTOD(DATETIME())”,然后单击确认“✓”按钮。

● 在属性列表中双击 MaxButton 属性,使属性值为.F.(默认属性值为.T.,双击属性,则属性值在.T.与.F.之间转换)。

● 在属性列表中单击 MinButton 属性,在属性设置框(下拉列表框)中选择属性值.F.。

5. 设置事件处理代码。

事件的处理代码可以在“代码”窗口中设置。打开“代码”窗口的方法有四种:一是利用“显示”菜单中的“代码”命令;二是利用“表单设计器”工具栏上的“代码窗口”按钮;三是在“表单设计器”窗口中单击某控件;四是在“属性”窗口的属性列表中双击某事件。

● 利用“帮助”系统查看“代码”窗口的有关说明。

● 在“属性”窗口的列表中查找并双击 Init Event(Init 事件),以打开“代码”窗口。

● 在“代码”窗口中输入下列代码:

```
ThisForm.Caption="表单标题在表单运行时由 Init 事件设置"
```

● 单击“常用”工具栏上的“运行”按钮以运行表单。

四、修改表单布局

通过以下操作,掌握表单上控件的选择、移动、对齐、复制、删除等操作。首先,展开“项目管理器”窗口中的“文档”选项卡后,双击(即修改)表单 xscj_FORM,则该表单在“表单设计器”中打开,以供用户修改。

1. 控件的选择。

● 单击某控件。

● 单击某控件后,按住键盘上的<Shift>键再分别单击其他控件(所有单击过的控件都被选择)。

● 从表单的某区域(无控件所在的位置)开始在表单上进行拖放鼠标操作(以拖放操作的起点至终点为对角线的矩形区域所含控件均被选择)。

2. 控件的移动:选择控件后拖放控件。

3. 控件的对齐:选择应对齐的多个控件后,利用“对齐”工具栏上的某按钮或利用“格式”菜单中的“对齐”命令。

4. 控件的复制:选择控件后利用剪贴板功能。

5. 控件的删除:选择控件后利用剪贴板功能或按键盘上的删除键<Delete>。

6. 设置标签控件的标题属性:选择 xh 标签控件后,打开“属性”窗口,单击 Caption 属性,将“xh”改为“学号”,然后单击确认“✓”按钮,以此类推,分别将“xm”改为“姓名”、“xb”改为“性别”、“zydh”改为“专业代号”、“jg”改为“籍贯”、“csrq”改为“出生日期”、“zp”改为“照片”。

试修改由表单向导创建的表单 xs_FORM 的布局,将表单的布局修改成如图 10-2 所示。

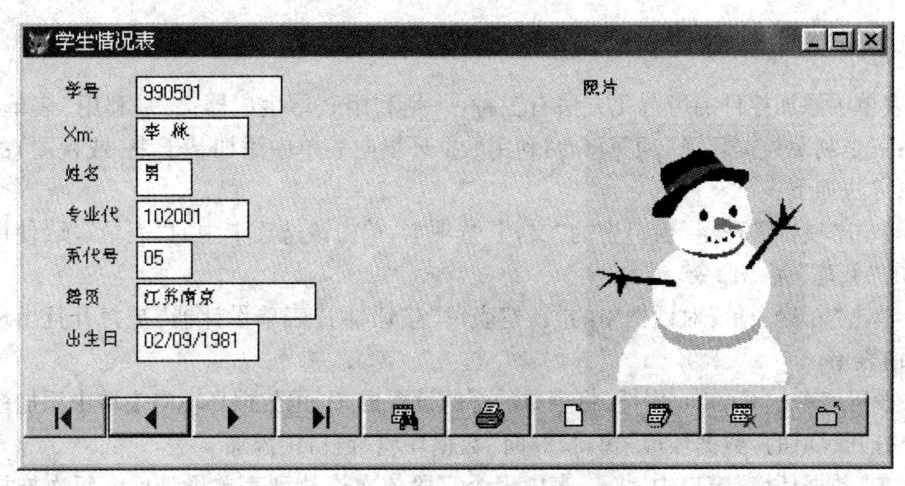

图 10-2 “学生情况表”表单运行界面

五、容器对象的选择与修改

表单 xscj_FORM 中的表格是一个父对象(容器对象)。表格是包含列对象的容器对象(列包含标头对象及控件)。按下列的步骤实验可修改表单 xscj_FORM 中的表格布局:

① 在“项目管理器”窗口中双击表单 xscj_FORM,将该表单在“表单设计器”中打开。

② 单击表格控件,使用快捷菜单中的“编辑”菜单项(这时表格控件加了一个“外框”,表示目前表格处于编辑状态)。

③ 拖放表格的标头之间的竖线,调整表格中列的宽度。

④ 拖放表格的标头,调整表格中列的次序。

对于容器类控件(如表单上的命令按钮组),均可以采用类似的方法处理其包含的子控件。

此外,也可以在“属性”窗口的“对象”列表中选择容器对象的子对象。

六、查看和修改表单的数据环境

在利用表单向导创建表单的过程中,表(或视图)的选取实质上是为表单设置数据环境。按下列步骤实验以查看和修改表单的数据环境。

① 单击“表单设计器”工具栏上的“数据环境”按钮(或在表单的空白处单击鼠标右键,单击快捷菜单中的“数据环境”菜单项,或利用“显示”菜单中的“数据环境”菜单命令),则屏幕弹出“数据环境 xscj_FORM. scx”窗口。

② 利用“数据环境”菜单中的“添加”菜单命令,打开“添加表或视图”对话框,并利用该对话框添加 cj 表;单击“数据环境”窗口中的 cj 表,然后利用“数据环境”菜单中的“移去”菜单命令将 cj 表从表单的数据环境中移去(在“数据环境”窗口中单击鼠标右键,则屏幕弹出有关数据环境操作的快捷菜单)。

③ 在该窗口以外、“表单设计器”窗口以内的位置单击鼠标,“数据环境”窗口将自动地关闭(也可以利用该窗口的“关闭”按钮)。

④ 结束时关闭“表单设计器”窗口。

七、向表单中添加控件

向表单中添加控件的可视化方法有三种：一是利用表单生成器；二是利用“表单控件”工具栏；三是利用数据环境。下面介绍利用数据环境向表单中添加基于表(或视图)的字段的控件，方法如下：

① 单击“项目管理器”窗口中的“文档”选项卡，单击该选项卡中的“表单”项，使用快捷菜单中的“新建”菜单命令。

② 单击“新建表单”对话框中的“新建表单”按钮，则“表单设计器”被打开且出现一个新的空白表单。

③ 设置表单的 Caption 属性，将表单的标题设置成“利用数据环境向表单中添加控件”。

④ 打开表单的“数据环境”窗口，并向“数据环境”窗口中添加 js 表。

⑤ 在“数据环境”窗口中，将 js 表中多个字段依次拖放到表单设计区。每次拖放操作产生两个控件：一是显示字段标题或字段名的标签控件，二是与字段内容绑定的控件。

⑥ 将表单以文件名 forma 进行保存并运行。

实验思考题

1. 利用表单向导创建的表单可以有一组固定的命令按钮，其中部分命令按钮的位置是“可变”的。哪些命令按钮是可变的？

2. 在“表单设计器”中如何同时选取多个控件？

3. “表单设计器”工具栏中有几个按钮？单击该工具栏中的“布局”按钮，可弹出“布局”工具栏窗口，关闭弹出的“布局”工具栏窗口有哪几种方法？

实验 11　标签、文本框、编辑框与微调框控件

实验要求

1. 本实验建议在 1 课时内完成。

2. 掌握向表单中添加控件的方法。

3. 掌握为标签、文本框、编辑框与微调框控件设置常用属性的方法，掌握简单事件处理代码设计的方法。

4. 了解标签、文本框、编辑框与微调框控件的用途。

实验准备

1. 复习教材 6.4 节中有关标签、文本框、编辑框和微调框控件的内容。

2. 启动 VFP 软件，设置默认工作文件夹为“d:\vfp\实验 11”。

3. 打开工作文件夹中的项目文件“实验 11”。

实验内容

利用表单设计器创建表单,向表单上添加标签控件、文本框控件与编辑框控件,并设置其属性等。在做实验之前,请通过 Visual FoxPro 系统的“帮助”查看这几种控件的有关内容。

一、标签

标签控件是一种存放文本的控件,其中的文本不能被用户直接更改,它用于显示提示信息和对表单上的区域或其他控件加以说明。

按以下操作步骤,创建一个表单并向表单中添加一些标签控件:

① 单击“项目管理器”窗口中的“文档”选项卡,单击该选项卡中的“表单”项,使用快捷菜单中的“新建”菜单命令。

② 单击“新建表单”对话框中的“新建表单”按钮,则“表单设计器”被打开且出现一个新的空白表单。

③ 设置表单的 Caption 属性,将表单的标题设置成“标签控件示例”。

④ 利用“表单控件”工具栏上的标签控件按钮“A”向表单中添加标签控件,并将该控件的 Name 属性设置为“LB1”,将标签控件“LB1”的 Caption 属性设置为“添加的第一个标签控件”(注意 Name 属性与 Caption 属性的用途)。

⑤ 设置标签控件 LB1 的 FontName、FontSize、FontBold、FontItalic、BorderStyle 等属性,以查看这些属性对控件外观的影响。

⑥ 设置标签控件 LB1 的 BackColor 属性、ForeColor 属性,以查看这些属性对控件外观的影响。

⑦ 改变标签控件 LB1 的 BackStyle 属性,观察该属性对控件外观的影响。

⑧ 利用“表单控件”工具栏上的标签控件按钮向表单中添加标签控件,并将该控件的 Name 属性设置为“LB2”。

⑨ 将标签控件 LB2 的 AutoSize 属性和 WordWrap 属性均设置为. T. 后,将 Caption 属性设置为“添加的第二个标签控件”。该控件的 AutoSize 属性和 WordWrap 属性均设置为. T. 。

⑩ 在表单上调整标签控件 LB2 的大小,以观察 AutoSize 属性和 WordWrap 属性对标签控件外观的影响。

⑪ 将表单以 bd_kj 为文件名保存。

二、文本框

文本框是一种用来显示、输入或编辑保存在表中的非备注型字段的数据的常用控件,文本框的 Value 属性指定文本框的当前选定的值。如果设置了文本框的 ControlSource 属性,则显示在文本框中的值将被保存在文本框的 Value 属性中,且保存在 ControlSource 属性指定的表(或临时表)字段中或内存变量中。在程序中操作文本框中显示的文本时,可通过设置或引用 Value 属性。

利用“表单控件”工具栏向表单中添加文本框控件后，可以利用生成器为文本设置其主要属性，用户也可以利用“属性”窗口直接为控件设置属性。按以下操作步骤，创建一个表单并向表单中添加一些文本框控件：

① 单击“项目管理器”窗口中的“文档”选项卡，单击该选项卡中的“表单”项，使用快捷菜单中的“新建”菜单命令。

② 单击“新建表单”对话框中的“新建表单”按钮，则“表单设计器”被打开且出现一个新的空白表单。

③ 设置表单的 Caption 属性，将表单的标题设置成“文本框控件示例”。

④ 向表单的“数据环境”窗口中添加自由表 jsb。

⑤ 利用“表单控件”工具栏上的文本框控件按钮“ ”向表单中添加两个文本框控件，并将该控件的 Name 属性分别设置为“Txt1”和“Txt2”。

⑥ 设置文本框控件的 Alignment、BorderStyle、BackStyle、SpecialEffect 等属性，以查看这些属性对文本框外观的影响。

⑦ 向表单中添加两个标签控件，使表单如图 11-1 所示。

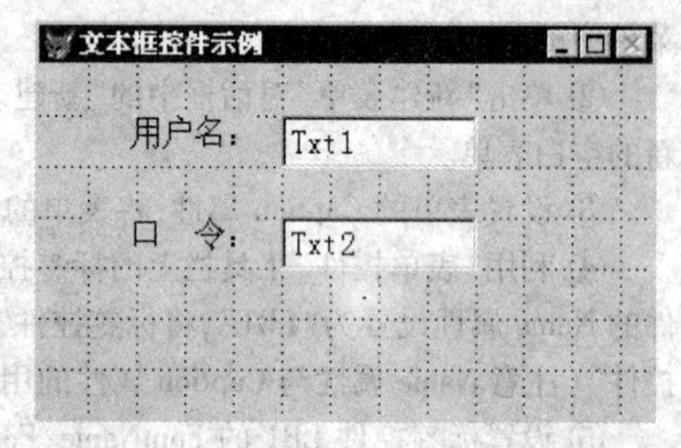

图 11-1 “文本框控件示例”设计界面

⑧ 将表单以 bd_wb 为文件名保存并运行。在运行时，文本框中无显示但可以输入文本。

⑨ 将文本框控件 Txt1 的 ControlSource 属性设置为 jsb 表的 xm 字段，文本框控件 Txt2 的 ControlSource 属性设置为 jsb 表的 kl 字段。

⑩ 将表单保存后运行。在运行时，由于文本框与 jsb 中的字段绑定，所以文本框中显示 jsb 表中的数据，在文本框中输入的内容将保存在表中（通过浏览表记录可以验证）。

⑪ 将文本框控件 Txt2 的 PasswordChar 属性设置为星号“ * ”。

⑫ 将表单保存后运行。

注：PasswordChar 属性设置为除空字符之外的任何字符，文本框的 Value 属性将保存用户的实际输入，而对用户所按的每一个键都用设定的字符来显示。

三、文本框的输入格式与显示格式

利用 InputMask、Format、DateFormat、DateMask 等属性，可以控制文本框控件的输入与显示格式。按以下步骤，创建一个文件名为 bd_wbgs 的新表单：

① 单击“项目管理器”窗口中的“文档”选项卡，单击该选项卡中的“表单”项，使用快捷菜单中的“新建”菜单命令。

② 单击“新建表单”对话框中的“新建表单”按钮，则“表单设计器”被打开且出现一个新的空白表单。

③ 设置表单的 Caption 属性，将表单的标题设置成“文本框的输入与显示格式示例”。

④ 向表单中添加标签控件和文本框控件，并修改各个标签控件的 Caption 属性、各个文本框控件的 Name 属性，使表单布局如图 11-2 所示。

⑤ 将文本框控件 Txtrq 的 DateFormat 属性设置为“14 - 汉语”，DateMask 属性设置为减号

“ –”，Century 属性设置为“开”，Value 属性设置为函数表达式 DATE( )，然后保存并运行表单。在表单运行时，注意文本框控件 Txtrq 在获得或失去焦点时的变化。

⑥ 将文本框控件 Txtje 的 InputMask 属性设置为“999,999,999.99”、Format 属性设置为“K”、Value 属性设置为数值 0，然后保存并运行表单。在表单运行时，注意利用光标键移动使文本框控件 Txtje 在获得或失去焦点时的变化，以及文本框中可以输入的字符。

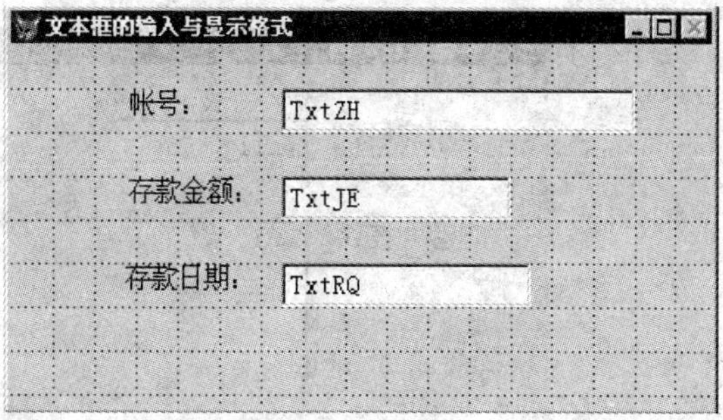

图 11-2　“文本框的输入与显示格式”控制设计界面

⑦ 将文本框控件 Txtzh 的 InputMask 属性设置为“999-99999999-9999”，Format 属性设置为“K”，然后保存并运行表单。在表单运行时，注意利用光标键移动使文本框控件 Txtzh 在获得或失去焦点时的变化，以及文本框中可以输入的字符类型。

四、文本框的 Valid 事件

Valid 事件是在控件失去焦点前发生。利用文本框的 Valid 事件，可以为文本框的文本设置“有效性规则”。可按以下步骤修改 bd_wbgs 表单：

① 将 bd_wbgs 表单在“表单设计器”中打开，以便对该表单进行修改。

② 双击 Txtje 文本框控件，以打开该控件的事件处理代码编辑窗口。

③ 在代码编辑窗口的“过程”下拉列表框中选择“Valid”事件，然后输入以下的事件处理代码：

```
IF This. Value < =0
    #DEFINE MESSAGE_LOC '存款金额不可小于或等于零'
MESSAGEBOX( MESSAGE_LOC,48 +0 +0)
    RETURN . F.
ELSE
        RETURN . T.
ENDIF
```

④ 保存并运行表单。

五、编辑框

编辑框控件的创建和使用与文本框控件有许多类似之处，通常用于处理长字符串或备注型字段的内容。下面修改表单 bd_wb，要求如下：

① 利用“表单控件”工具栏向表单中添加编辑框控件。

② 调整表单上控件的布局，使表单如图 11-3 所示。

③ 设置编辑框控件的 Name 属性为“EDT1”，ControlSource 属性为 jsb 表的 jl 字段。

④ 设置 ScrollBars 属性，决定编辑框是否有垂直滚动条。

最后保存并运行表单。

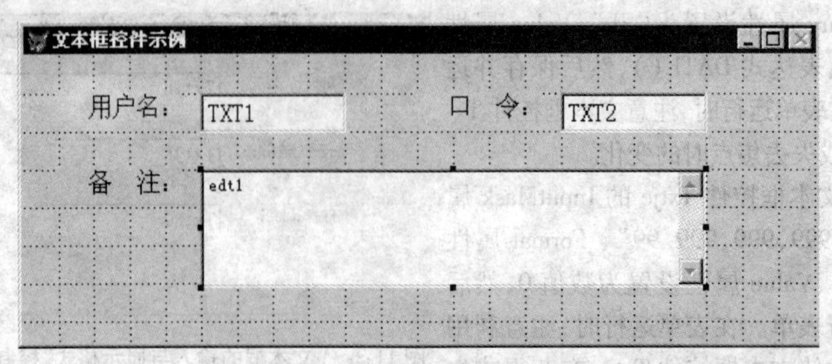

图 11-3　文本框控件与编辑框控件示例

六、利用编辑框处理文本文件

利用编辑框控件，可以显示和处理文本文件的内容。其设计思想是：首先创建一个临时表，然后将文本文件的内容添加到该表的备注字段中。步骤如下：

① 单击“项目管理器”窗口中的“文档”选项卡，单击该选项卡中的“表单”项，使用快捷菜单中的“新建”菜单命令。

② 单击“新建表单”对话框中的“新建表单”按钮，则“表单设计器”被打开且出现一个新的空白表单。

③ 设置表单的 Caption 属性，将表单的标题设置成“利用编辑框控件处理文本文件”。

④ 在表单上添加一个标签控件和编辑框控件，其 Name 属性分别设置为 edtText 和 lblFileName。

⑤ 为编辑框控件的 Init 事件设置如下代码（注：GETFILE 函数用于显示“打开”对话框）：

```
IF SELECT("textfile") =0
    CREATE CURSOR textfile (FileName c(60), mem m)      && 创建临时表
    APPEND BLANK
ENDIF
REPLACE textfile. FileName WITH GETFILE("TXT")
IF EMPTY(textfile. FileName)
    RETURN
ENDIF
SELECT textfile
APPEND MEMO mem FROM (textfile. FileName) OVERWRITE
This. Parent. edtText. ControlSource ="textfile. mem"
This. Parent. lblFileName. Caption = ALLTRIM(textfile. FileName)
This. Parent. Refresh
```

⑥ 为编辑框控件的 Destroy 事件设置如下代码：

```
LOCAL OldSafe
IF !EMPTY(textfile. FileName)
```

```
        OldSafe = SET("SAFETY")
        SET SAFETY OFF
        COPY MEMO textfile.mem TO (textfile.FileName)
        SET SAFETY &OldSafe
    ENDIF
```

⑦ 将表单以 bd_bq 为文件名保存并运行。

七、微调框

微调框是一种允许用户通过键入或单击上、下箭头按钮增加或减少数值的控件。例如:

① 创建表单 bd_wt,将表单的标题设置成“复选框控件与微调框控件示例”。

② 利用“表单控件”工具栏上的微调框按钮“▣”向表单上添加 1 个微调框控件。

将微调框控件的 KeyboardLowValue 属性和 SpinnerLowValue 属性均设置 0,KeyboardHighValue 属性和 SpinnerHighValue 属性均设置 200,Increment 属性设置为 1,InteractiveChange 事件的事件处理代码设置如下:

```
ThisForm.Check1.Value = This.Value
ThisForm.Check2.Value = This.Value
```

③ 保存并运行表单。

实验思考题

1. 控件的 Enabled 属性与 Visible 属性有何区别?

2. 对于标签控件,AutoSize 属性和 WordWrap 属性分别为 .T. 与 .T.、.F. 与 .T.、.T. 与 .F.、.F. 与 .F. 有何区别?

3. 文本框的 InputMask 属性与 Format 属性对文本框有何影响?

4. 对于表单 bd_bq 来说,如果编辑框控件固定地处理某个文本文件(例如,text13 文本文件),其 Init 事件处理代码应如何改写?

5. 对于微调框控件来说,KeyboardLowValue 属性与 SpinnerLowValue 属性的属性值不同,或 KeyboardHighValue 属性与 SpinnerHighValue 属性的属性值不同,对微调框的使用有何影响?

实验 12　命令按钮、命令按钮组、选项按钮组与复选框控件

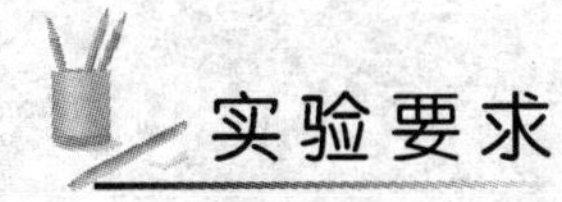

实验要求

1. 本实验建议在 1 课时内完成。

2. 掌握为命令按钮、命令按钮组、选项按钮组、复选框设置常用属性的方法,掌握简单事件处理代码设计的方法。

3. 了解命令按钮、命令按钮控件、选项按钮组、复选框的用途。

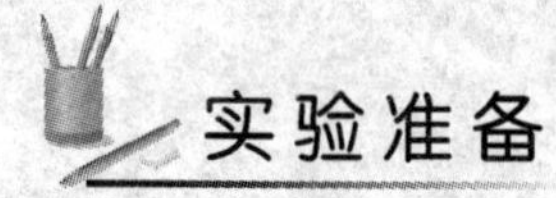

实验准备

1. 复习教材6.4节中有关命令按钮、命令按钮组、选项按钮组和复选框控件的有关内容。

2. 启动VFP软件,设置默认工作文件夹为“d:\vfp\实验12”。

实验内容

本次实验的主要内容是:利用表单设计器创建表单,然后向表单中添加标签控件、列表框控件、组合框控件以及命令按钮控件、命令按钮组控件,并根据功能要求设置其属性。在进行操作之前,请通过Visual FoxPro系统的“帮助”查看命令按钮控件与命令按钮组控件的有关内容。

一、命令按钮

命令按钮控件是一种与命令相关的控件,在运行表单时单击该按钮,则与该按钮相关的事件程序代码将被执行。应用命令按钮控件时,主要是设置命令按钮的Caption属性、Picture属性以及Click事件的处理代码。操作步骤如下:

① 将“实验12”项目中的表单kc_FORM在“表单设计器”中打开,以修改该表单。

② 利用“表单控件”工具栏上的“命令按钮”控件向表单中分别添加三个命令按钮控件,并分别将控件的Name属性设置为“Cmd1”、“Cmd2”和“Cmd3”,控件的Caption属性设置为“上一条记录”、“下一条记录”和“关闭”。

③ 为控件Cmd1的Click事件设置如下的事件处理代码:

```
IF BOF( )
      This. Enabled = . F.
ELSE
      SKIP  -1
ENDIF
IF ThisForm. Cmd2. Enabled = . F.
   ThisForm. Cmd2. Enabled = . T.
ENDIF
```

④ 为控件Cmd2的Click事件设置如下的事件处理代码:

```
IF EOF( )
      This. Enabled = . F.
ELSE
      SKIP
ENDIF
```

```
IF ThisForm.Cmd1.Enabled = .F.
   ThisForm.Cmd1.Enabled = .T.
ENDIF
```

⑤ 为控件 Cmd3 的 Click 事件设置如下的事件处理代码：

```
ThisForm.Release
```

⑥ 保存后运行表单。

二、命令按钮的访问键

命令按钮的访问键是在命令按钮的 Caption 属性中设置的。例如：

① 修改表单 kc_FORM，将三个命令按钮的 Caption 属性分别设置为"上一条记录(\<U)"、"Record\<Skip"和"Close"。

② 保存后运行表单。表单上的三个命令按钮的 Caption 属性分别说明了访问键定义的方法：当 Caption 属性的第一个字符为英文时，系统默认该字符为访问键；当 Caption 属性的第一个字符不适合作为访问键，可以利用"\<"定义访问键。

三、图形的命令按钮

命令按钮的标题说明，既可以用文字表示（利用 Caption 属性），也可以用图形表示（利用 Picture 属性），即从外观来说，命令按钮为文本按钮，或图形按钮，或既有文本又有图形。例如：

① 修改表单 kc_FORM，将命令按钮 Cmd1 和 Cmd2 的 Caption 属性分别设置为"上一条记录(\<U)"、"下一条记录(\<D)"，Cmd3 的 Caption 属性设置为空字符串。

② 将命令按钮 Cmd2 和 Cmd3 的 Picture 属性分别设置为某图片文件（图片文件自行在 c 盘查找）。

③ 保存并运行表单。

四、命令按钮组

命令按钮组是可以作为独立单位的控件数组，它包含一组命令按钮。命令按钮组控件是一种容器类控件，在处理命令按钮组控件时，既可以作为整体进行处理，也可以分别处理其包含的各个控件（命令按钮）。例如：

① 修改表单 kc_FORM，将表单中的三个命令按钮全部删除。

② 利用"表单控件"工具栏上的"命令按钮组"控件按钮向表单添加命令按钮组控件，并将控件的 Name 属性设置为"Cmdg1"，ButtonCount 属性设置为"3"。

③ 将命令按钮组中的命令按钮的 Name 属性设置为"Cmd1"、"Cmd2"和"Cmd3"，控件的 Caption 属性分别设置为"上一条记录"、"下一条记录"和"关闭"（对于容器类控件，处理其包含的各个控件时单击该控件后，利用快捷菜单中的"编辑"命令）。

④ 对于命令按钮组来说，可以为各个命令按钮设置各自的 Click 事件处理代码，也可以为命令按钮组设置如下的 Click 事件处理代码以统一处理各个命令按钮：

```
DO CASE
```

```
        CASE This.Value = 1
            IF BOF()
                ThisForm.Cmd1.Enabled = .F.
            ELSE
                SKIP   -1
            ENDIF
            IF ThisForm.Cmd2.Enabled = .F.
               ThisForm.Cmd2.Enabled = .T.
            ENDIF
        CASE This.Value = 2
            IF EOF()
                ThisForm.Cmd2.Enabled = .F.
            ELSE
                SKIP
            ENDIF
            IF ThisForm.Cmd1.Enabled = .F.
               ThisForm.Cmd1.Enabled = .T.
            ENDIF
        CASE THIS.Value = 3
            ThisForm.Release
    ENDCASE
```

⑤ 保存并运行表单。

五、命令按钮组的布局

利用“命令按钮组”生成器生成命令按钮组时,可以在生成器对话框的“布局”页面中定义命令按钮的按钮布局(“水平”与“垂直”)、按钮间隔和边框样式(“单线”与“无”)。用户也可以通过直接设置命令按钮组的属性来定义按钮布局、按钮间隔和边框样式。例如:

① 修改表单 kc_FORM,以调整命令按钮组的布局。

② 将命令按钮组的 AutoSize 属性设置为.T.。

③ 修改命令按钮组中各个命令按钮的 Left 属性和 Top 属性,以调整按钮布局和按钮间隔。

④ 修改命令按钮组的 BorderStyle 属性。

⑤ 保存并运行表单。

六、选项按钮组

选项按钮组控件是一种包含选项按钮的控件数组。选项按钮组与命令按钮组类似,也是一种容器类控件,它可以作为一个整体进行处理,也可以分别处理其包含的各个选项按钮控件。例如,按以下操作步骤,可以创建一个如图 12-1 所示的表单。

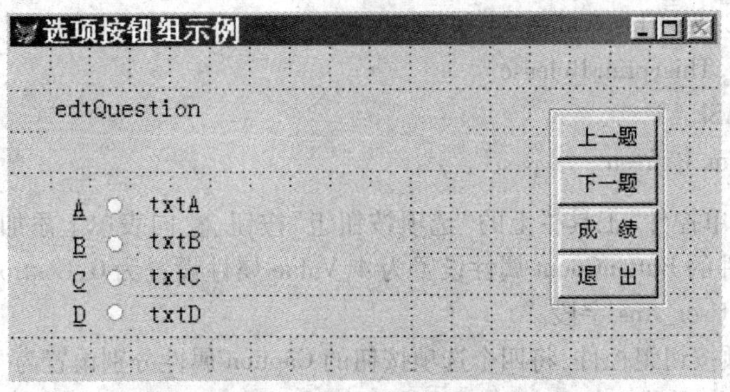

图12-1　"选项按钮组示例"表单运行界面

① 新建一个表单,并将表单的标题设置成"选项按钮组示例"。

② 在表单的"数据环境"窗口中添加自由表 examine。

③ 向表单中添加一个编辑框控件,该控件的 BackStyle 属性与 ScrollBars 属性均设置为"0—无",BackColor 属性设置成表单相应的属性值,ControlSource 属性设置为表 examine 的 Question 字段。

④ 向表单中添加如图12-1 所示的一个包含4 个命令按钮的命令按钮组,并分别设置各命令按钮的 Caption 属性和 Name 属性(Cmd1 ~ Cmd4)。命令按钮组的 Click 事件处理代码如下:

```
DO CASE
    CASE This. Value = 1
        IF !BOF( )
            SKIP - 1
        ENDIF
    CASE This. Value = 2
        IF !EOF( )
            SKIP
        ENDIF
    CASE This. Value = 3
        lnRight = 0                && 该变量用于记录用户答案正确的个数
        n = RECNO( )               && 当前记录号
        SCAN
          IF ALLT( user_ans)$ answer
             lnRight = lnRight + 1
          ENDIF
        ENDSCAN
        COUNT TO ln
        lcScore = ALLTRIM( STR( lnRight/ln * 100, 6,2)) + "%"
        = MESSAGEBOX('正确率为' + lcScore ,64 + 0 + 0,'成绩')
        GOTO n
```

```
        CASE This. Value =4
            ThisForm. Release
    ENDCASE
    ThisForm. Refresh
```

⑤ 利用“表单控件”工具栏上的“选项按钮组”按钮 向表单上添加一个选项按钮组控件，并将该控件的 ButtonCount 属性设置为 4，Value 属性设置为 0，ControlSource 属性设置为表 examine 的 User_Ans 字段。

⑥ 编辑选项按钮组控件：将四个选项按钮的 Caption 属性分别设置为“\ <A”、“\ <B”、“\ <C”和“\ <D”，并将它们的 Alignment 属性设置为“1—右”。

⑦ 向表单中添加 4 个文本框控件，在布局上分别与 4 个选项按钮对齐(图 12-1)。将这 4 个文本框控件的 BackColor 属性设置成表单的相应属性值，BorderStyle 属性设置为“0—无”，ControlSource 属性分别设置为表 examine 的 A 字段、B 字段、C 字段和 D 字段。

⑧ 将表单以 bd_xx 为文件名进行保存，并运行表单。

⑨ 修改各个选项按钮的 Style 属性，以改变选项按钮的外观样式。

七、复选框

复选框是指明一个选项是选定还是不选定的控件，该控件通常与逻辑型字段绑定(将 ControlSoure 属性设置为字段名)，或指定某条件选项。例如，按以下的操作步骤可以创建一个如图 12-2 所示的表单。

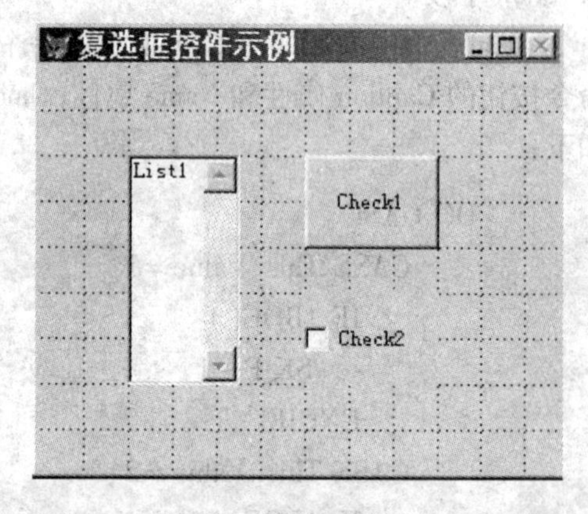

图 12-2 “复选框控件示例”表单运行界面

① 新建一个表单，并将表单的标题设置成“复选框控件示例”。

② 利用“表单控件”工具栏上的“复选框”按钮 向表单上添加两个复选框控件，Caption 属性分别设置为 Check1 和 Check2，Name 属性分别设置为 Check1 和 Check2。

③ 将复选框 Check1 的 Style 属性设置为“1—图形”。

④ 向表单上添加一个列表框控件，将 RowSourceType 属性设置为“1—值”，RowSource 属性设置为“. F. , . T. , . NULL. , 0, 1, 2”，并为列表框的 Click 事件设置如下的事件处理代码：

```
FOR i =1 TO This. ListCount
    IF This. Selected(i)
        ThisForm. Check1. Value =EVAL(This. Value)
        ThisForm. Check2. Value =EVAL(This. Value)
    ENDIF
ENDFOR
ThisForm. Refresh
```

⑤ 将表单以 bd_fx 为文件名进行保存，并运行表单。

⑥ 将复选框控件 Check1 的 Style 属性设置为“1—图形”，并设置 Picture 属性和 Down-

Picture 属性(图片文件自定)后,保存并运行表单。

实验思考题

1. 对于命令按钮组控件来说,如果为命令按钮组设置了 Click 事件处理代码,又为命令按钮组中的各个命令按钮分别设置了 Click 事件处理代码,系统是如何处理的?

2. 为表单 fmt12a 的命令按钮组增加一个命令按钮,标题为“追加记录”,并设置相应的 Click 事件处理代码。

3. 参照自由表 examine 和表单 bd_fx,设计一个自由表和表单,用于处理多项选择。(提示:选项按钮组控件换成四个复选框控件。)

实验 13　列表框与组合框控件

实验要求

1. 本实验建议在 1 课时内完成。

2. 掌握为列表框与组合框(下拉列表框与下拉组合框)设置常用属性的方法,掌握简单事件处理代码设计的方法。

3. 了解组合框与列表框控件的用途。

实验准备

1. 复习教材 6.4 节中有关列表框与组合框控件的有关内容。

2. 启动 VFP 软件,设置默记工作文件夹为“d:\vfp\实验 13”。

实验内容

本次实验的主要内容是:利用表单设计器创建表单,然后向表单中添加列表框控件、组合框控件,并根据功能要求设置其属性。

一、创建列表框

列表框控件是一种提供一系列可供选择的条目的控件。例如,按下述操作步骤,可创建一个表单并向表单中添加一个列表框控件(用于显示 js 表中的“系名”列表):

① 新建一个表单,并将表单的标题设置成“列表框控件示例”。

② 向表单的“数据环境”窗口中添加 js 表。

③ 利用“表单控件”工具栏上的“列表框”控件按钮 向表单中添加列表框控件,并将该控件的 Name 属性设置为“List1”,RowSourceType 属性设置为“6—字段”,RowSource 属性

设置为 js 表的“ximing”字段。

④ 将表单以 bd_lbk 为文件名保存后运行表单。

⑤ 由于 js 表的 ximing 字段的值有重复，可以利用查询语句作为列表的数据源。修改 bd_lbk 表单，向该表单中再添加一个列表框控件 List2，并将列表框控件 List2 的 RowSourceType 属性设置为“3—SQL 语句”，RowSource 属性设置为以下的 SQL 语句：

```
SELECT  DISTINCT  ximing  FROM  js  INTO CURSOR  ximing
```

由于在表单关闭时，临时表 ximing 不会自动地关闭，所以应为表单的 Destroy 事件设置如下的事件处理代码：

```
USE  IN  ximing                    && 关闭临时表 ximing
```

⑥ 保存并运行表单。

根据以上实验内容，自行练习 RowSourceType 属性为其他值时列表框的使用方法。

二、添加与删除列表项

首先创建一个如图 13-1 所示的表单。表单中有一个文本框和一个列表框：当用户在文本框中输入文本并按回车键，则该文本内容作为一个列表项添加到列表框中；当用户在列表框中双击某列表项，则该列表项从列表框中移去并作为文本框的内容。

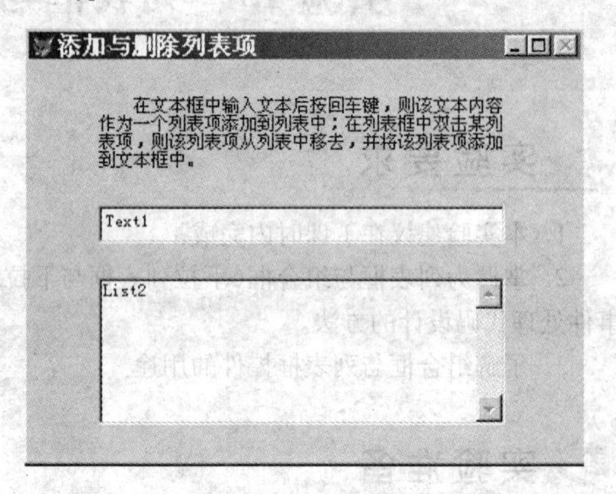

图 13-1 “添加与删除列表项”表单设计界面

① 新建一个表单，并将表单的标题设置成“添加与删除列表项”。

② 利用“表单控件”工具栏上的控件向表单中分别添加一个标签控件、文本框控件和列表框控件，文本框与列表框的 Name 属性分别设置为 Text1 和 List2。

③ 为标签控件的某些属性设置适当的值，使标签控件如图 13-1 所示。

④ 为文本框控件的 KeyPress 事件设置如下的事件处理代码：

```
PARAMETERS  nKeyCode,  nShiftCtrlAlt
IF  nKeyCode = 13                              && 如果按回车键
    ThisForm. list2. AddItem (This. Value)     && 向列表框中添加列表项
    This. Value = ""                           && 清除文本框内容
ENDIF
```

⑤ 为列表框控件的 DblClick 事件设置如下的事件处理代码：

```
ThisForm. Text1. Value = This. List( This. ListIndex)
This. REMOVEITEM (This. ListIndex)             && 从列表框中删除列表项
```

⑥ 将表单以 bd_lb 为文件名保存后运行表单。

三、列表项的排序

利用列表框的Sorted属性或MoverBars属性,可以对列表框中的列表项进行排序或人工调整其次序。操作步骤如下:

① 将表单bd_lb在“表单设计器”窗口中打开。

② 将列表框控件的Sorted属性设置为.T.(真)、MoverBars属性设置为.T.(真)。

③ 向表单中添加一个命令按钮控件,其Caption属性设置为“排序”,Click事件的事件处理代码如下:

```
ThisForm.List2.Sorted = .T.
ThisForm.Refresh
```

④ 保存并运行表单。在文本框中多次输入的文本内容在列表框中自动地排序,用户也可以在列表框中利用鼠标的拖放操作调整列表项的次序。

四、列表项的多项选择

列表框中显示的列表项可以有多项选择,犹如在“资源管理器”的右窗格中选择多个文件或文件夹,这主要是利用列表框控件的MultiSelect属性。例如,下面创建一个如图13-2所示的表单,步骤如下:

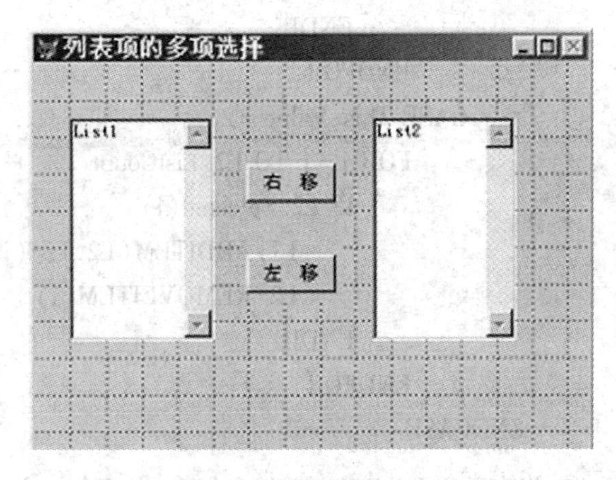

图13-2 “列表项的多项选择”表单设计界面

① 新建一个表单,表单的标题设置为“列表项的多项选择”。

② 向表单中添加两个列表框控件和一个命令按钮组控件,将Name属性分别设置为List1、List2和Cmdg,且将命令按钮组中的两个命令按钮的Name属性分别设置为Cmd1和Cmd2。

③ 将列表框控件List1的MutiSelected属性设置为.T.,Sorted属性设置为.T.,RowSourceType属性设置为“1—值”, RowSource属性设置为“0,1,2,3,4,5,6,7,8,9”,并为该控件的InteractiveChange事件设置如下的事件处理代码:

```
ThisForm.Cmdg.Cmd1.Visible = .T.
ThisForm.Cmdg.Cmd2.Visible = .F.
```

④ 将列表框控件List2的MutiSelected属性设置为.T.,Sorted属性设置为.T.,并为该控件的InteractiveChange事件设置如下的事件处理代码:

```
ThisForm.Cmdg.Cmd1.Visible = .T.
ThisForm.Cmdg.Cmd2.Visible = .F.
```

⑤ 将命令按钮组的两个命令按钮的Visible属性设置为.F.,并将Caption属性分别设

置为“右移”和“左移”。

⑥ 为命令按钮组的 Click 事件设置如下的事件处理代码：

```
L1 = ThisForm. List1
L2 = ThisForm. List2
DO CASE
    CASE This. Value = 1                    && “右移”命令按钮
        FOR i = 1 TO L1. ListCount          && 利用循环向 List2 中添加列表项
            IF L1. Selected(i)
                L2. ADDITEM(L1. List(i))
            ENDIF
        ENDFOR
        FOR i = 1 TO L1. ListCount          && 利用循环删除 List2 中的列表项
            IF L1. Selected(i)
                L1. REMOVEITEM(i)
            ENDIF
        ENDFOR
    CASE This. Value = 2                    && “右移”命令按钮
        FOR i = 1 TO L2. ListCount
            IF L2. Selected(i)
                L1. ADDITEM(L2. List(i))
                L2. REMOVEITEM(i)
            ENDIF
        ENDFOR
ENDCASE
```

⑦ 将表单以 bd_lb1 为文件名保存，并运行表单。

五、添加多列列表框

列表框中可以显示多列列表，类似于表格控件中的多列显示。若要创建一个表单，并向表单中添加一个多列列表框控件，操作步骤如下：

① 新建一个表单，并将表单的标题设置成“多列列表框示例”。

② 向表单的“数据环境”窗口中添加 xs 表。

③ 利用“表单控件”工具栏上的“列表框”控件按钮 向表单中添加列表框控件，并将该控件的 Name 属性设置为“List3”，ColumnCount 属性设置为 3，RowSourceType 属性设置为“6—字段”，RowSource 属性设置为 xs 表的三个字段“xh，xm，ximing”。

④ 将表单以 bd_lb2 为文件名保存后运行表单。

对于多列列表框，如果设置了其 ControlSource 属性（指定与列表数据绑定的数据源），则应设置 BoundColumn 属性，以说明哪一列数据与数据源绑定。

六、创建组合框

组合框类似于列表框和文本框的组合,可以在其中输入值或从列表中选择条目。根据是否可以输入值,组合框分为下拉列表框和下拉组合框两种,由组合框控件的 Style 属性决定。若要创建一个表单,并向表单中添加一个组合框控件,操作步骤如下:

① 新建一个表单,并将表单的标题设置成“组合框示例”。

② 向表单的“数据环境”窗口中添加 kc 表。

③ 利用“表单控件”工具栏上的“组合框”控件按钮 向表单中添加两个组合框控件,并将控件的 Name 属性分别设置为“Comb1”和“Comb2”。

④ 将两个组合框控件的 RowSourceType 属性均设置为“6—字段”,RowSource 属性均设置为 kc 表的字段“kcm”。

⑤ 将组合框控件 Comb1 的 Style 属性设置为“0—下拉组合框”。

⑥ 将组合框控件 Comb2 的 Style 属性设置为“2—下拉列表框”。

⑦ 将表单以 bd_zh 为文件名保存后运行表单。在表单运行时,对于 Comb1 组合框来说,可以输入值,也可以在下拉列表中选择条目;对于 Comb2 组合框来说,只能在下拉列表中选择条目。

实验思考题

1. 列表框控件的 MoverBars 属性对列表框的外观有何影响?

2. 修改表单 bd_lb1,要求在列表框中双击某列表项,该列表项移到另一个列表框中。

3. 修改表单 bd_lb1,要求在两个列表框的下部分别添加一个标签,标签控件的 Caption 属性显示相应的列表框中列表项的个数。

实验 14　表格与页框控件

实验要求

1. 本实验建议在 1 课时内完成。

2. 掌握为表格与页框设置常用属性的方法,掌握简单事件处理代码设计的方法。

3. 了解表格与页框控件的用途。

实验准备

1. 复习教材中 6.4 节中表格与页框的有关内容。

2. 启动 VFP 软件,设置默认工作文件夹为“d:\vfp\实验 14”。

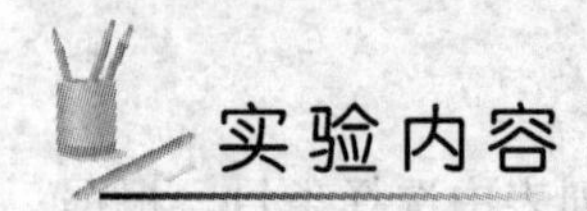

实验内容

本次实验的主要内容是：利用表单设计器创建表单，然后向表单中添加表格控件，并根据功能要求设置其属性。在进行实验之前，请通过 Visual FoxPro 系统的“帮助”查看表格控件的有关内容。

一、创建表格

表格控件是一种将数据以表格形式表示出来的控件。表格控件包含列、列标头和列控件。按以下的操作步骤，可创建一个表单并向表单中添加一个表格控件（用于显示 cj 表数据）。

① 新建一个表单，并将表单的标题设置成“表格控件示例”。

② 向表单的“数据环境”窗口中添加表 cj。

③ 利用“表单控件”工具栏上的“表格”控件按钮 向表单中添加表格控件，并将该控件的 Name 属性设置为“Grid1”。

④ 将表格 Grid1 的 ColumnCount 属性设置为 3。

⑤ 设置列控件 Column1 的 ControlSource 属性为 cj 表的 xh 字段，列控件 Column1 包含的 Header1 控件的 Caption 属性为“学号”。

⑥ 设置列控件 Column2 的 ControlSource 属性为 cj 表的 kcdh 字段，列控件 Column2 包含的 Header1 控件的 Caption 属性为“课程代号”。

⑦ 设置列控件 Column3 的 ControlSource 属性为 cj 表的 cj 字段，列控件 Column3 包含的 Header1 控件的 Caption 属性为“成绩”。

⑧ 将表单以 bd_cj 为文件名保存。

二、修改表格行与列的大小和布局

按以下的步骤修改表单 bd_cj，以调整表格控件的行与列的高度和宽度等布局属性。

① 将表格中各个列标头控件的 Alignment 属性设置为“2—居中”。

② 单击表单上的表格控件 Grid1，利用快捷菜单中的“编辑”菜单命令，使表格处于编辑状态，利用鼠标分别拖放表格的列标头、记录标记部位的分隔线，以改变表格的行与列的大小。

③ 将表格控件 Grid1 的 AllowHeaderSizing 属性与 AllowRowSizing 属性均设置为. F.（这两个属性分别控制列标头与记录的高度在运行时是否可以调整）后，保存并运行表单。

④ 将表格中各个列控件的 Resizable 属性均设置为. F.（该属性控制列的宽度在运行时是否可以调整）后，保存并运行表单。

三、修改列控件的动态属性

表格的列控件具有一些动态属性，如 DynamicBackColor。修改表单 bd_cj，为表格控制的 Init 事件设置如下的代码后，保存并运行表单。

```
This.SetAll("DynamicBackColor", "IIF(MOD(RECNO(),2)=0, RGB(255,255,255),;
```

RGB(0,255,0))","Column")　　　　&& 选择白色与绿色

四、利用表格追加或删除表记录

当表格的数据源为表时,可以利用表格向表中追加记录或删除表中的记录。例如:

① 修改表单 bd_cj,将表格控件 Grid1 的 AllowAddNew 属性设置为.T.,DeleteMark 属性设置为.T.。

② 为表单的 Init 事件设置如下事件处理代码:

```
SET DELETE ON
```

③ 为表单的 Destroy 事件设置如下事件处理代码:

```
PACK
```

④ 保存并运行表单。

表单在运行时,当用户在表格最后一条记录上向下移动光标,则系统自动地追加一条空记录;当用户在表格的删除标记处设置删除标记时,记录作逻辑删除且该记录不再显示。

五、修改列控件中的控件

在系统默认的情况下,表格中用于显示数据的控件是文本框控件,用户也可以向列控件中添加其他控件用于显示数据。例如,要修改表单 bd_cj,操作步骤如下(将显示 xh 字段数据的控件改为复选框控件):

① 利用表格控件的快捷菜单,将表格控件设置成编辑状态。

② 单击"表单控件"工具栏上的"列表框"控件按钮 ,然后在表格控件中列控件 Column1 的文本框 Text1 处单击,则该列控件中添加了一个工具栏上的列表框控件(这时列控件 Column1 包含列标头控件 Header1、文本框控件 Text1 和列表框控件 List1)。

③ 将列控件 Column1 的 CurrentControl 属性设置为 Check1(原来为 Text1)。

④ 保存并运行表单。

六、创建利用一对多关系的表格

要创建一对多表单,可直接向表单中添加控件,并设置相应的属性,操作步骤如下:

① 新建一个表单,将表单的 Caption 属性设置为"一对多表单示例"。

② 向表单的"数据环境"窗口中添加 xs 表和 cj 表。

③ 从"数据环境"窗口中将 xs 表的 xh 字段与 xm 字段拖放到表单中,在表单中生成两个标签控件与文本框控件,如图 14-1 所示。

④ 从"数据环境"窗口中将 cj 表拖放到表单中,在表单中生成表格控件,如图 14-1 所示。

⑤ 向表单中添加一个命令按钮组控件,包含 3 个命令按钮,命令按钮的 Caption 属性以及 Click 事件的事件处理代码,参见图 14-1 和前面的练习。

⑥ 将表单以文件名 bd_xscj 保存并运行表单。

由于这两个数据库表之间已创建了永久性关系,所以在以上的操作过程中,系统自动地

建立了基于 xs 表的文本框与基于 cj 表之间的关联。如果表格控件是利用“表单控件”工具栏上的“表格”控件按钮添加到表单中,且表格列控件的数据源属性(ControlSource 属性)是用户自己设置的,则文本框与表格之间的关联必须由用户设置一些属性。操作步骤如下:

① 删除表单 bd_xscj 上的表格控件,然后利用“表单控件”工具栏上的“表格”控件按钮向表单中添加表格控件。

② 将表格控件的 ColumnCount 属性设置为 3,Column1 控件的 ControlSource 属性设置为 cj 表的 xh 字段、Column1 控件中的 Header1 控件的 Caption 属性设置为“学号”, Column2 控件的 ControlSource 属性设置为 cj 表的 kcdh 字段、Column2 控件中的 Header1 控件的 Caption 属性设置为“课程代号”, Column3 控件的 ControlSource 属性设置为 cj 表的 cj 字段、Column3 控件中的 Header1 控件的 Caption 属性设置为“成绩”。

③ 保存并运行表单。从表单的运行结果中可以看出,表单中的文本框与表格之间并不关联。

④ 修改表单,将表格控件的 RowSourceType 属性设置为“1—别名”,RecordSource 属性设置为表 cj,LinkMaster 属性设置为 xs,ChildOrder 属性设置为 xh。

⑤ 保存并运行表单。从表单的运行结果可以看出,表单中的文本框与表格之间已关联。

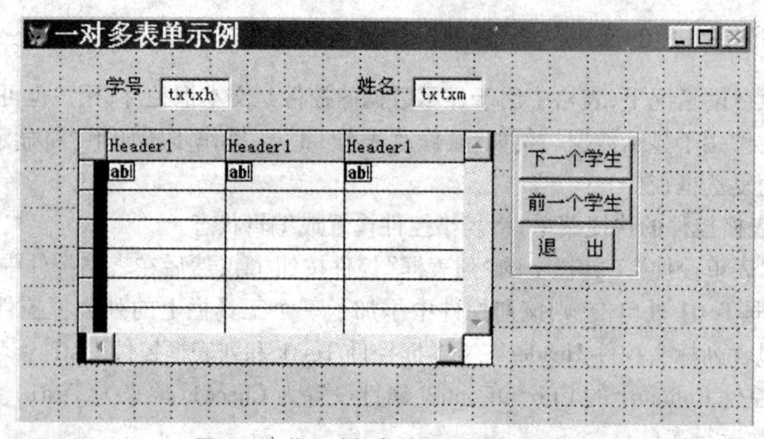

图 14-1 “一对多表单示例”设计界面

⑥ 修改表单 bd_xscj,为表格控件设置动态属性,为表格控件的 Init 事件设置如下的事件处理代码后,保存并运行表单。运行表单后,观察表格中显示内容的变化。

```
This. Column3. DynamicForeColor ="IIF( cj. cj <60,RGB(255,0,0),RGB(0,255,255))"
This. Column3. DynamicFontSize ="IIF( cj. cj > =90, 12 , 10)"
```

七、利用页框控件创建选项卡式页框

在 Windows 环境下操作时,用户经常会见到一些具有多个页面的对话框。利用页框控件,用户可以在自己的应用程序中创建这样的选项卡式对话框。要创建一个表单并向表单中添加一个包含三个页面的页框控件,如图 14-2 所示,操作步骤如下:

① 新建一个表单,并将表单的标题设置成“选项卡式对话框示例”。

② 将表单的 MinButton 属性与 MaxButton 属性均设置为. F. (在运行时对话框通常是不可改变大小的)。

③ 利用“表单控件”工具栏上的“页框”控件按钮 向表单中添加页框控件，并将该控件的 Name 属性设置为“PF1”。

④ 将页框控件 PF1 的 PageCount 属性设置为 3（系统默认为 2）。

⑤ 向表单的“数据环境”窗口中添加 js 表、kc 表和 rk 表。

⑥ 利用快捷菜单中的“编辑”菜单命令编辑页框控件。

⑦ 将三个页面控件的 Caption 属性分别设置为“教师”、“课程”和“任课”。

⑧ 从“数据环境”窗口中分别将三个表拖放到页框控件的三个页面中，生成三个表格控件。

⑨ 将表单以 bd_yk1 为文件名进行保存，并运行表单。

⑩ 修改表单 bd_yk1，将页框的 TabStyle 属性由默认值“0—两端”改为“1—非两端”，以查看该属性对页框外观的影响。

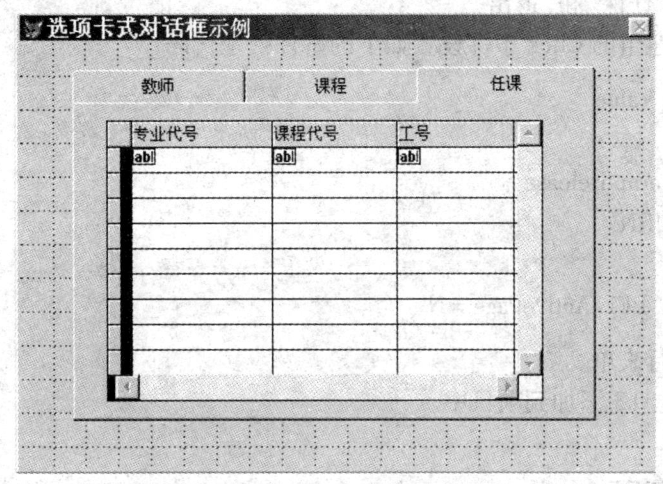

图 14-2　“选择卡式对话框示例”表单设计界面

八、创建长标题的选项卡式页框

对于选项卡式的页框，如果一个页框中的页面过多或页面的标题过长，则“单行”上可能无法完全显示，这时可以利用页框的 TabStretch 属性。要创建长标题的选项卡式页框，如“选项”对话框（可利用“工具”菜单中的“选项”菜单命令打开，从该对话框中可以看出，对话框中含有 12 个页面），操作步骤如下：

① 新建一个表单，并将表单的标题设置成“长标题选项卡式对话框示例”。

② 将表单的 MinButton 属性与 MaxButton 属性均设置为.F.。

③ 向表单中添加页框控件，并将页框控件的 PageCount 属性设置为 12。

④ 为 12 个页面控件的 Caption 属性分别设置属性值，属性值参见 Visual FoxPro 系统的“选项”对话框。

⑤ 调整页框控件在表单上的大小，注意观察页面标题的变化。

⑥ 将表单的 TabStretch 属性由默认值“1—单行”改为“0—多行”。

⑦ 调整页框控件在表单上的大小，注意观察页面标题的变化。

⑧ 将表单以 bd_yk2 为文件名进行保存。

九、创建非选项卡式页框

非选项卡式页框，就是页框中的各个页面控件无标题部分（多个页面从外观上看完全相互覆盖）。例如，要在前面创建的 bd_yk1 表单中创建非选项卡式页框，操作步骤如下：

① 将表单 bd_yk1 在“表单设计器”窗口中打开。

② 利用“文件”菜单中的“另存为”命令将该表单另存为 bd_yk3 表单文件。

③ 修改表单 bd_yk3，将表单中的页框控件的 Tabs 属性设置为. F. ，SpecialEffect 属性设置为“2—平面”，BorderWidth 属性设置为 0。

④ 由于各个页面上无选项卡式的标题，所以在运行时用户无法直接利用页框进行页面的切换。向表单中添加一个命令按钮组控件。

⑤ 将命令按钮组控件的 ButtonCount 属性设置为 4，各个命令按钮的标题分别设置为“教师”、“课程”、“任课”和“退出”。

⑥ 为命令按钮组的 Click 事件设置如下的事件处理代码：

```
N = This. Value
IF N =4
    ThisForm. Release
    RETURN
ENDIF
ThisForm. PF1. ActivePage = N
```

⑦ 保存并运行表单。

⑧ 将表单 bd_yk3 添加到项目中。

实验思考题

1. 表格的列控件的动态属性有哪些？

2. 若要创建一对多表单（利用表格控件显示“多”方），要设置的属性有哪些？

3. 自己创建三个表，表之间存在“一对多对多”关系，并创建一个表单用于显示这三个表中的数据且表现表之间的关系（提示：利用两个表格控件显示两个“多”方，且表格之间显示的数据关联）。

4. 页框控件的 Tabs 属性与 SpecialEffect 属性之间有何联系？

5. 在设计页框控件时，如果 Tabs 属性设置为. F. ，如何编辑页框中的各个页面？

实验 15　线条、形状与计时器控件

实验要求

1. 本实验建议在 1 课时内完成。

2. 掌握线条、形状与计时器控件的常用属性、方法及事件的应用。

实验准备

1. 复习教材6.4节中线条、形状与计时器控件的有关内容。
2. 启动VFP,设置默认工作文件夹为“d:\vfp\实验15”。

实验内容

一、创建线条与形状控件

线条与形状控件用来创建各种线条与形状图形,以增强表单的美观和表单的易读性。要创建线条与形状控件,操作步骤如下:

① 新建一个表单,并将表单的标题设置成“线条与形状示例”。

② 利用“表单控件”工具栏上的“线条”控件按钮向表单上添加三个线条控件,并通过修改线条控件的BorderColor属性、BorderStyle属性、BorderWidth属性和LineSlant属性等,观察这些属性对线条外观的影响。

③ 利用“表单控件”工具栏上的“形状”控件按钮向表单上添加三个形状控件,并通过修改形状控件的BackColor属性、BackStyle属性、BorderColor属性、BorderStyle属性、BorderWidth属性、FillColor属性、FillStyle属性、Curvature属性等,观察这些属性对形状外观的影响。

④ 将表单的Width属性设置为400,Height属性设置为300;将一个形状控件的Width属性设置为30,Height属性设置为30,Curvature属性设置为99,Top属性设置为260,Left属性设置为360。为该形状控件的Click事件设置如下的事件处理代码:

```
FOR I = 360 TO 10   STEP  -10
    This. Left = I
     = INKEY(1)              && 暂停1秒钟
ENDFOR
FOR I = 260 TO 10   STEP  -10
    This. Top = I
     = INKEY(0.5)
ENDFOR
FOR I = 10 TO 360   STEP   10
    This. Left = I
     = INKEY(0.5)
ENDFOR
FOR I = 10 TO 260   STEP   10
    This. Left = I
     = INKEY(0.5)
```

```
ENDFOR
```

⑤ 将表单以 bd_xz 为文件名进行保存。运行表单后,单击该形状控件对象时观察该形状控件的变化。

二、创建计时器控件

计时器控件是在应用程序中用来处理复发事件的控件。该控件在设计时可见,但在运行时不可见,所以该控件添加到表单上后,所处的位置及大小是任意的。要创建计时器控件,操作步骤如下:

① 新建一个表单 bd_jsq,并将表单的标题设置成"计时器控件"。

② 修改表单 bd_jsq,利用"表单控件"工具栏上的"计时器"控件按钮 向表单中添加计时器控件,并将该控件的 Name 属性设置为"T1"。

③ 将计时器控件 T1 的 Enabled 属性设置为. T. ,Interval 属性设置为 2000(即时间间隔为 2 秒钟)。

④ 向表单中添加一个文本框控件,并将该控件的 Name 属性分别设置为"Txt1"。

⑤ 为计时器控件 T1 的 Timer 事件设置如下的事件处理代码:

```
This. Txt1. Value = DATETIME( )
```

⑥ 保存并运行表单。运行表单后,观察文本框中显示内容的变化。

⑦ 将表单 bd_jsq 添加到项目中。

实验思考题

1. Curvature 属性对形状控件有何影响? 试设计一个包含一个微调框控件和一个形状控件的表单,要求在表单的运行过程中形状控件的 Curvature 属性由微调框控制。

2. 设计一个如图 15-1 所示的表单,用于测试用户的打字水平。提示:在表单的"数据环境"窗口中创建一个自由表 for_Test,该表用于存储要求输入的内容和用户输入的内容;计时器控件控制允许用户使用的总时间,在 Timer 事件中处理和显示打字的成绩;文本框控件 Text1 为只读;文本框控件 Text2 始终具有"焦点",且利用 KeyPress 事件控制当用户按回车键时转入下一条记录。

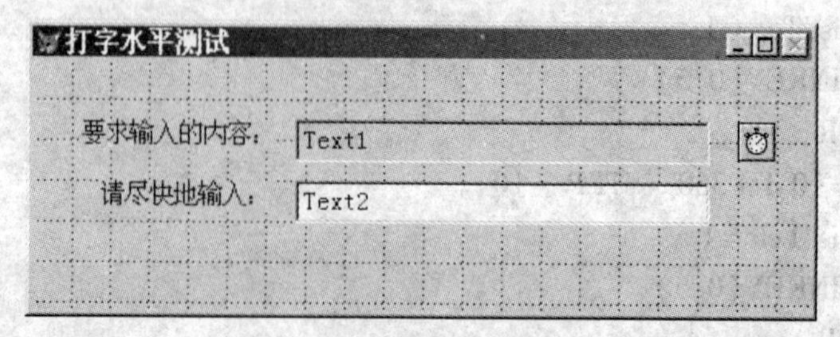

图 15-1 "打字水平测试"表单

第7章

类的创建与使用

本章实验的总体要求是：掌握用“类设计器”和“表单设计器”创建类；掌握在“项目管理器”和“类浏览器”中查看和管理类；掌握可视类在表单中的应用。本章的实验分为两个，建议实验课时数为4。

实验16　用类设计器创建类

实验要求

1. 本实验建议在两课时内完成。
2. 掌握类设计器的使用方法和创建新类的操作技术。
3. 掌握为类添加新方法和新属性的方法。
4. 理解对象的类层次和容器层次的概念。
5. 掌握用项目管理器和类浏览器查看和管理类。

实验准备

1. 复习教材中类和类库的有关内容以及类的设计原则。
2. 启动 Visual FoxPro 6.0 程序，将“d:\vfp\实验16”文件夹设置为默认的文件夹。
3. 打开该文件夹中的项目文件“实验16”。

实验内容

一、在项目中创建类及其类库

1. 在项目中创建“退出”命令按钮类和 Mylib 类库。

下面的操作将在“实验16”项目中创建一个 Mylib 类库，并在类库中创建一个“退出表单”的命令按钮类 cmdExit。

① 在打开的"项目管理器"窗口中,选择"类"选项卡,然后单击"新建"按钮,出现"新建类"对话框,如图 16-1 所示。

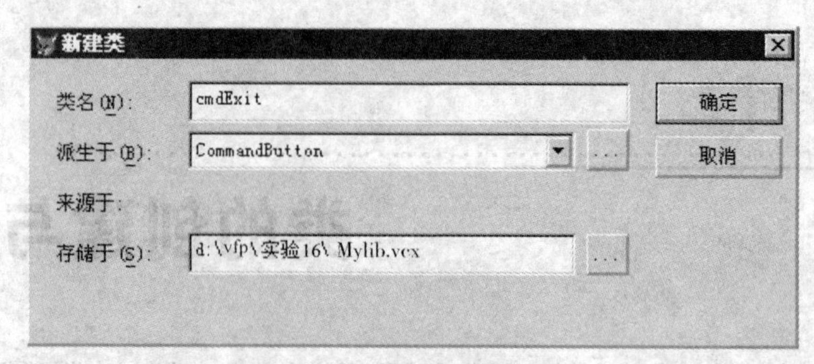

图 16-1 "新建类"对话框

② 按图中所示,进行如下设置:

类名:cmdExit

派生于:CommandButton(基类)

存储于:d:\vfp\实验 16\Mylib. vcx

③ 单击对话框中的"确定"按钮,打开"类设计器"窗口。

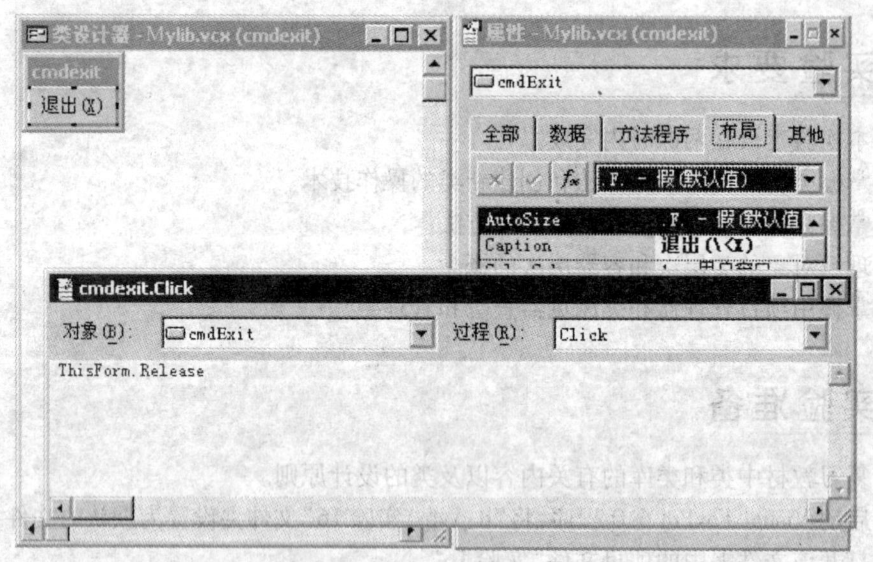

图 16-2 "类设计器"窗口

④ 在"类设计器"窗口中设置该按钮的有关属性和 Click 事件的方法程序。Caption 属性为"退出(\<X)"。Click 事件的方法程序如下:

```
ThisForm. Release
```

⑤ 保存并关闭"类设计器"窗口。此时,在"项目管理器"窗口中可以看到新建的类库 Mylib 和类库中新建的命令按钮类 cmdExit,如图 16-3 所示。

2. “记录导航”类的设计。

(1) “记录导航”类的外观样式如图 16-4 所示。

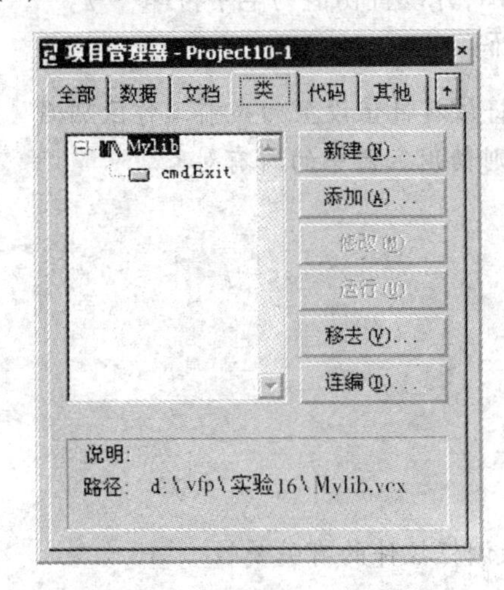

图 16-3　项目管理器中的类库和类

图 16-4　“记录导航”类的外观样式

(2) 设计思想。

大多数的数据表单中，记录指针的移动是经常的事，为此可以设计一个通用的“记录导航”类。其功能是提供五种记录定位方式：“首记录”、“上一记录”、“下一记录”、“末记录”以及“定位到指定记录号”。

设计的思想方法是：前四个功能（首记录、上一记录、下一记录、末记录）用命令按钮实现，“定位到指定记录号”功能用微调框控件（Spinner）实现。由于用到了两种以上类型的对象，所以需要用容器类（Container）作为它们的父容器（否则，如果只有四个命令按钮，则可以使用命令按钮组）。

为了避免为每个按钮编写复杂而又基本类似的方法代码，可以为容器类定义一个新方法 NavRefresh，用来完成记录的定位、按钮的可操作性控制和表单的刷新等功能。按钮 Click 事件和微调框控件 InteractiveChange 事件的方法程序中只要调用容器的 NavRefresh 方法，并传递一个不同的参数，就可实现不同的功能。参数可选用按钮的 Name 属性值（只要能区分即可）。

(3) 设计步骤。

① 在 Mylib 类库中新建容器类（Container），类名为 cntNavbtns。

② 在类设计器的 cntNavbtns 容器类中添加四个命令按钮和一个微调框控件，主要属性如下表所示：

属性 \ 功能	首记录	上一记录	下一记录	末记录	定位到指定记录号
Class	CommandButton				Spinner
Name	cmdTop	cmdPrio	cmdNext	cmdBottom	spnRecno
Caption	|<	<	>	>|	
Enabled	.F.	.F.	.T.	.T.	

③ 为四个命令按钮的 Click 事件和微调框控件 spnRecno 的 InteractiveChange 事件设置相同的方法代码：

```
This. Parent. NavRefresh(This. Name)
```

④ 为 cntNavbtns 容器创建新的属性 cWorkArea,并设置初值为空字符串("")。

⑤ 为 cntNavbtns 容器编写 Init 事件的方法代码:

```
*** 如果未设定 cWorkArea 属性值,则将该属性值设置为当前工作区别名
*** 如果当前工作区也没有打开的表,则禁用容器中的所有对象
IF EMPTY(This. cWorkArea)
    IF .NOT. EMPTY(ALIAS())
        This. cWorkArea = ALIAS()
    ELSE
        This. SetAll("Enabled",. F. )
    ENDIF
ELSE
    *** 根据工作区记录数情况设置微调框控件的有关属性
    SELECT (This. cWorkArea)
    WITH This. spnRecno
        . KeyboardHighValue = RECCOUNT()
        . KeyboardLowValue = 1
        . SpinnerHighValue = RECCOUNT()
        . SpinnerLowValue = 1
        . Value = 1
        ENDWITH
ENDIF
```

⑥ 为 cntNavbtns 容器创建新方法 NavRefresh,并编写如下方法代码:

```
PARAMETER cNav
*** 参数 cNav 来自于调用该方法的对象名,根据不同的对象选择不同的记录定位方式
SELECT (This. cWorkArea)
DO CASE
    CASE cNav = "cmdTop"
        GO Top
    CASE cNav = "cmdPrio"
        SKIP  -1
    CASE cNav = "cmdNext"
        SKIP
    CASE cNav = "cmdBottom"
        GO Bottom
    CASE cNav = "spnRecno"
        GO This. spnRecno. Value
ENDCASE
```

```
***记录指针移动后,以下代码控制命令按钮的可操作性
This.cmdTop.Enabled = !BOF()
This.cmdPrio.Enabled = !BOF()
This.cmdNext.Enabled = !EOF()
This.cmdBottom.Enabled = !EOF()
***记录指针移动后,刷新表单以使表单中各数据控件显示当前记录数据
ThisForm.Refresh
```

⑦ 保存并关闭“类设计器”窗口。

二、基于自定义类创建类

1. 基于“记录导航”类创建子类。

下面的操作将基于上述“记录导航”类 cntNavbtns 创建子类 cntNavbtns_Sub。

① 在“项目管理器”窗口中选择类库 Mylib,单击“新建”按钮。

② 在“新建类”对话框中输入类名为 cntNavbtns_Sub,单击“派生于”标签后面的“...”按钮,出现打开类库的“打开”对话框,如图 16-5 所示。

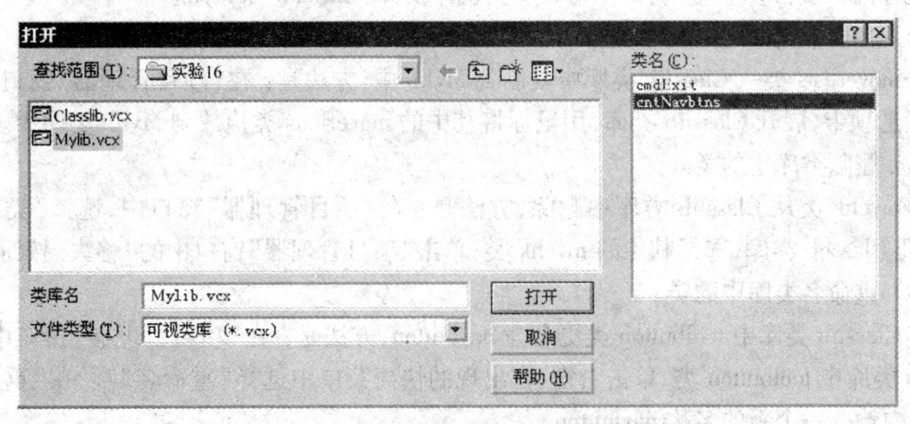

图 16-5 打开类库的“打开”对话框

③ 在对话框中选择 Mylib.vcx 类库文件中的 cntNavbtns 类,单击“打开”按钮。

④ 单击“新建类”对话框中的“确定”按钮,打开“类设计器”窗口,保存该类。

这样,一个基于 cntNavbtns 类的子类 cntNavbtns_Sub 创建完成了。

2. 将“退出”命令按钮类添加到 cntNavbtns_Sub 类。

① 将 cntNavbtns_Sub 类打开在“类设计器”窗口中,并设置其 Width 属性至 290 左右,以便容纳“退出”命令按钮。

② 使“类设计器”窗口与“项目管理器”窗口都可见,将项目中 Mylib 类库中的 cmdExit 类拖放到“类设计器”窗口的 cntNavbtns_Sub 类中,如图 16-6 所示。

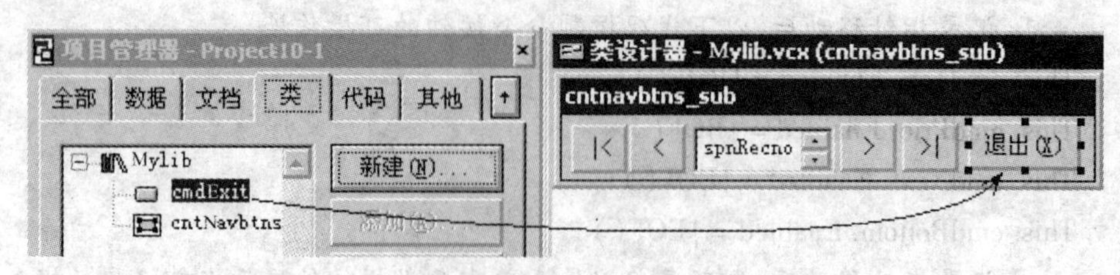

图 16-6　从“项目管理器”中拖放类到“类设计器”中

三、查看和管理类

1. 在“项目管理器”窗口中管理类和类库。

(1) 添加类库到项目中。

将“d:\vfp\实验 16”文件夹中的另一个类库文件添加到“实验 16”项目中,方法是:在“项目管理器”窗口中,选择“类”选项卡,单击“添加”按钮,出现“打开”文件对话框,选择“d:\vfp\实验 16\Classlib. vcx”类库文件,单击“确定”按钮,所选的类库文件即被添加到当前项目中。

此时,在“项目管理器”窗口中可以看到两个类库:Classlib 和 Mylib。

(2) 在两个类库之间复制类。

将 moverlists 类从 Classlib 类库中复制到 Mylib 中,方法是: 在“项目管理器”窗口中,选择“类”选项卡,展开 Classlib 类库,用鼠标将其中的 moverlists 类拖放到 Mylib 类库中。

(3) 删除类库中的类。

将 mychk 类从 Classlib 类库中删除,方法是: 在“项目管理器”窗口中,选择“类”选项卡,展开 Classlib 类库,选择其中的 mychk 类,单击“项目管理器”窗口中的“移去”按钮。

(4) 重命名类库中的类。

将 Classlib 类库中 toolbutton 类更名为 navbutton,方法是: 在“项目管理器”窗口中选择 Classlib 类库中 toolbutton 类,单击右键,在出现的快捷菜单中选择“重命名”项,在“重命名”对话框中输入一个新的名称 navbutton。

2. 在“类浏览器”中管理类和类库。

(1) 在“类浏览器”窗口中打开 Mylib 类库。

① 选择“工具”菜单中的“类浏览器”命令,打开“类浏览器”窗口。

② 在“类浏览器”窗口中,单击工具栏中的“打开”按钮,出现“打开”对话框,选择“d:\vfp\实验 16\Mylib. vcx”类库文件,单击“确定”按钮。

③ 类库文件被打开在“类浏览器”窗口中,如图 16-7 所示。

四个主要的区域分别是:类列表(左上)、成员列表(右上)、类说明框(左下)、成员说明框(右下)。

(2) 在类浏览器中创建新类。

在“类浏览器”窗口中,单击工具栏中的“新类”按钮,即可创建一个新类。

3. 从“类浏览器”中创建类的实例到 VFP 主窗口中。

① 在“类浏览器”窗口中,单击工具栏中的“打开”按钮,打开“d:\vfp\实验 16\Classlib. vcx”类库文件。

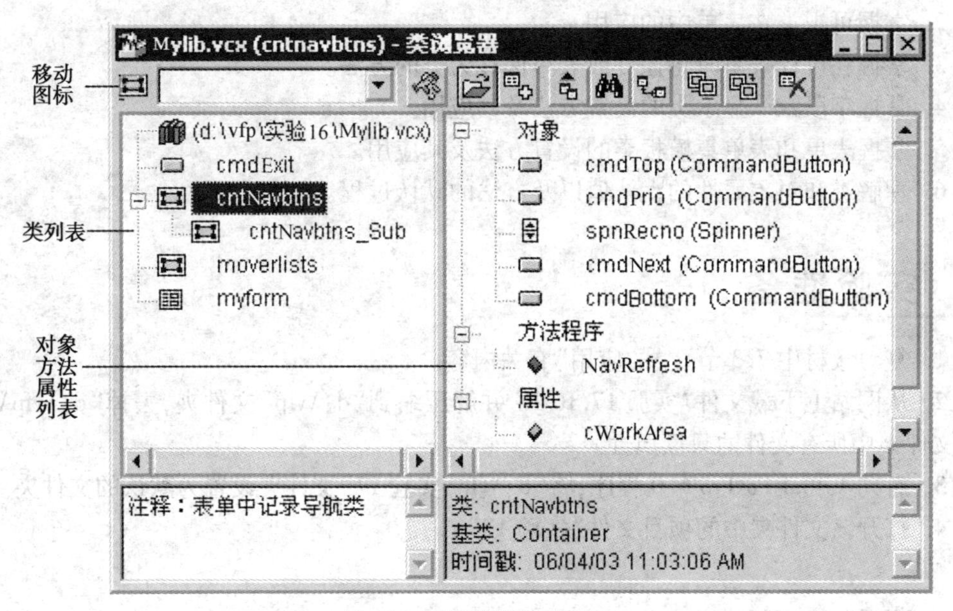

图 16-7 “类浏览器”窗口

② 在类列表框中，选择 frmMyForm 类，此时，移动图标变为该表单类的图标。

③ 拖动该图标到 VFP 主窗口，这时，在 VFP 主窗口中就创建了该表单类的一个实例。

④ 再将 Classlib 类库中的命令按钮类 cmdClose 拖放到该表单实例中，则表单实例中又创建了该命令按钮类的一个实例。单击该命令按钮实例，看看发生了什么？

利用这种方法，可以测试一些类的功能。

实验思考题

1. 通过本次实验，比较一下用类设计器设计类与用表单设计器设计表单有何差别？

2. 通过创建 cntNavbtns_Sub 类的操作，你对于类层次与容器层次是否有更清晰的认识？当把 cmdExit 类添加到 cntNavbtns_Sub 类中后，其名称是否仍然是 cmdExit？你能说出其在 cntNavbtns_Sub 类中的类层次结构和容器层次结构吗？

3. 在类浏览器中你看清楚了类的类层次结构和容器层次结构了吗？哪个框中的是类层次结构图？哪个框中的是容器层次结构图？

4. 在“类浏览器”窗口中试着打开一个表单。打开后，你看到了什么？

实验 17　类的使用

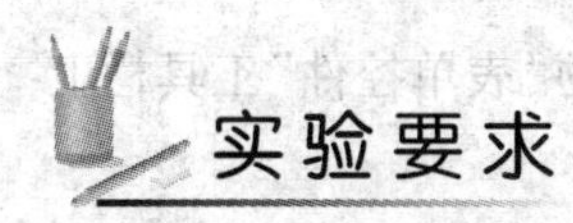

实验要求

1. 本实验建议在两课时内完成。

2. 掌握可视类在表单中的应用。

3. 掌握在设计表单时将控件或表单保存为类的方法。

4. 掌握字段默认显示类的设置方法及其应用。

5. 掌握表单和表单集模板类的设置方法及其应用。

6. 理解类和对象属性的默认值以及方法的默认过程。

实验准备

1. 复习教材中7.3节“类的应用”有关内容。

2. 从网站上下载文件“实验17. RAR”并解压缩到“d:\vfp”文件夹,去掉“d:\vfp\实验17”文件夹中所有文件的只读属性。

3. 启动 Visual FoxPro 6.0 程序,将“d:\vfp\实验17”文件夹设置为默认的文件夹。

4. 打开该文件夹中的项目文件“实验17”。

实验内容

一、将自定义类应用到表单中

1. 从“项目管理器”中拖放类到“表单设计器”。

将 Classlib 类库中的命令按钮类 cmdClose 应用到新建的表单中,操作步骤如下:

① 在实验17的“项目管理器”窗口中,选择“文档”选项卡,新建一个表单,保存表单文件为“d:\vfp\实验17\useclass. scx”。

② 移动“表单设计器”和“项目管理器”窗口,使得两个窗口均可见。在“项目管理器”窗口中选择“类”选项卡,展开其中的 Classlib 类库。

③ 拖动 Classlib 类库中的 cmdClose 命令按钮类到“表单设计器”中的表单区域中,则在表单中即创建了一个标题“关闭(X)”的命令按钮控件,如图17-1所示。

④ 保存并运行该表单。当单击运行表单上的命令按钮时,发生了什么?

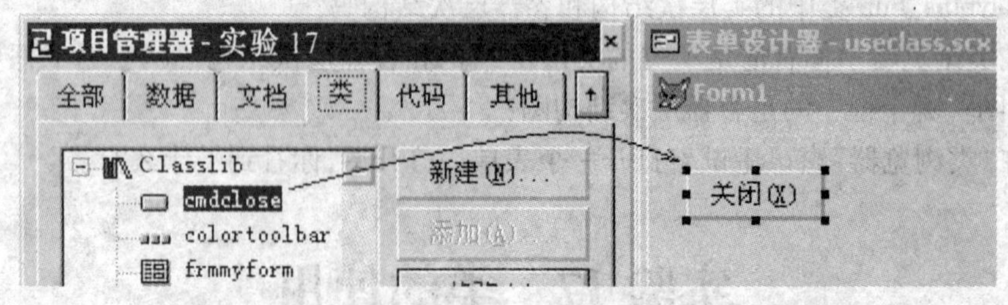

图17-1 从“项目管理器”中拖放类到“表单设计器”

2. 注册可视类库。

将 Classlib 类库注册到 VFP 运行环境中,以便在“表单设计器”的“表单控件”工具栏上选择显示和使用它们。

① 从“工具”菜单中选择“选项”,打开“选项”对话框。

② 在“选项”对话框中选择“控件”选项卡，选择“可视类库”单选按钮，并单击“添加”按钮，出现打开类库的“打开”对话框。

③ 在“打开”对话框中选择“d:\vfp\实验 17”文件夹中的类库文件 Classlib. vcx，并单击“打开”按钮，则 Classlib 类库即显示在“选项”对话框的“选定”类库列表中，如图 17-2 所示。

④ 单击“选项”对话框中的“确定”按钮，保存设置并关闭对话框。

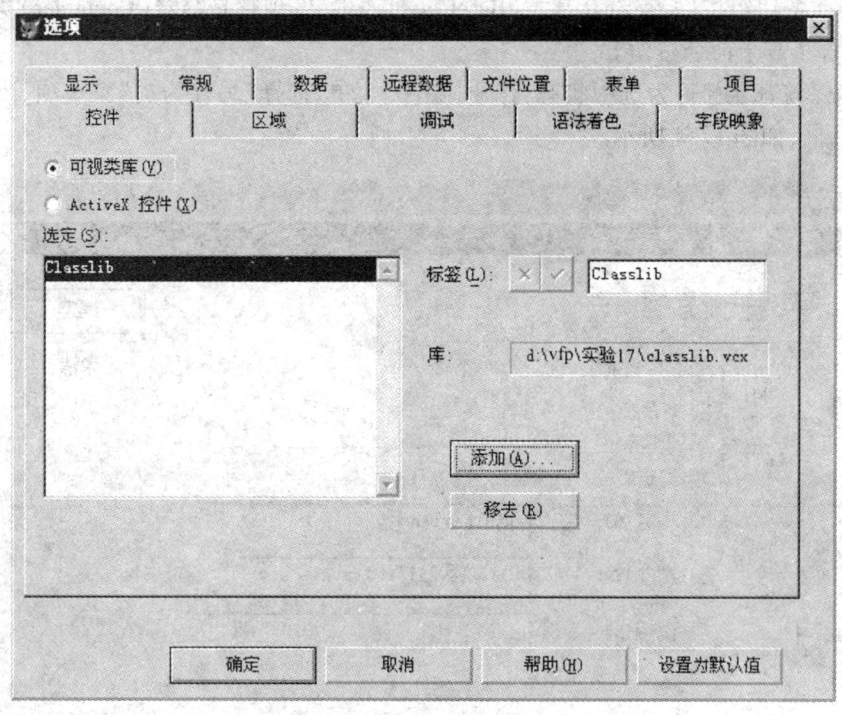

图 17-2　在“选项”对话框中注册类库

3. 将类控件显示在“表单控件”工具栏中。

将已注册的 Classlib 类库中的类控件显示在“表单控件”工具栏中，操作步骤如下：

① 将前面已创建的表单 useclass. scx 打开在“表单设计器”中，并使得“表单控件”工具栏可见。

② 单击“表单控件”工具栏中的“查看类”工具按钮，出现下拉菜单，注册的 Classlib 类库显示在菜单项中，选择 Classlib 菜单项，则工具栏中的标准控件被替换为 Classlib 类库中的类控件，类控件以其显示图标显示，如图 17-3 所示。

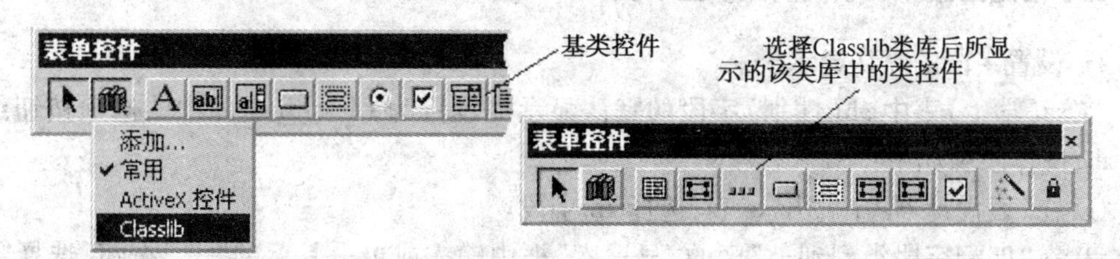

图 17-3　显示在“表单控件”工具栏中的 Classlib 类控件

③ 单击“表单控件”工具栏中的“查看类”按钮，并在下拉菜单中选择“常用”菜单项，恢复系统标准的基类控件。

二、在设计表单时将选定控件保存为类

在实验 17 项目中,有一 xs. scx 表单,下面的操作将表单中的记录导航控件保存为 Classlib 类库中的 cntxtNavbtns 类。

① 在“表单设计器”中打开实验 17 项目中的 xs. scx 表单,选中表单下部的名为“ButtonSet1”的导航按钮组控件,查看其基类(BaseClass)属性,发现它是容器(Container)类控件,在容器中包含了若干命令按钮。

② 确保该容器控件为选中状态,打开“文件”菜单,选择“另存为类”菜单项,出现“另存为类”对话框,如图 17-4 所示。

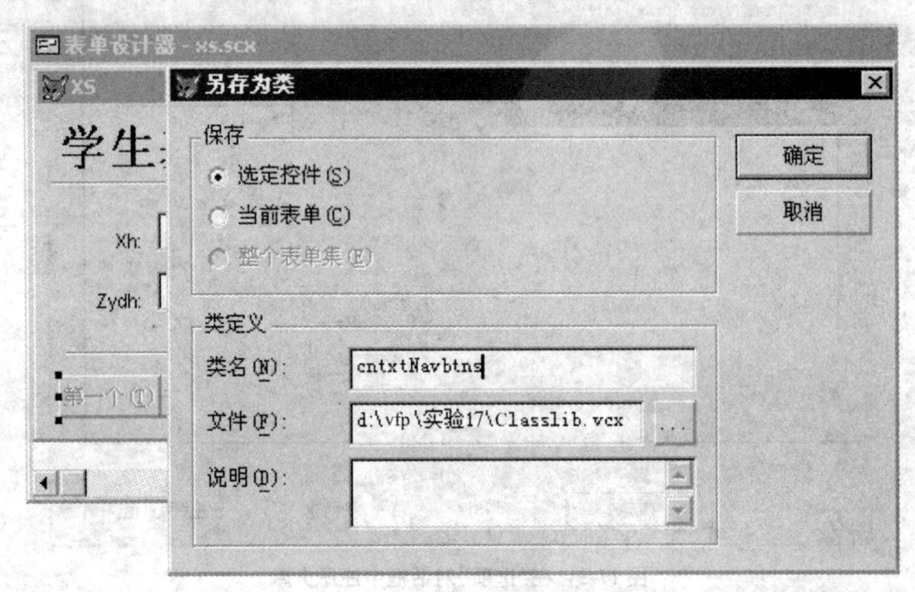

图 17-4　表单控件另存为类

③ 在该对话框的“保存”区域中,确保选中“选定控件”单选按钮,表示要将表单中选定的控件另存为类。在“类定义”区域中输入类名为“cntxtNavbtns”,单击“...”按钮,选择类库文件为“d:\vfp\实验 17\Classlib. vcx”,单击对话框中的“确定”按钮。

④ 回到“项目管理器”窗口,展开 Classlib 类库,发现类库中增加了一个新的类 cntxtNavbtns。

三、指定数据库表字段的默认显示类

1. 设置字段的默认显示类。

将 xs(学生)表中 xb(性别)字段的默认显示类设置为 Classlib 类库中的选项按钮组类 opt_xb,操作步骤如下:

① 在“表设计器”中打开 xs 表,选择 xb 字段。

② 在“匹配字段类型到类”区的“显示库”框中输入或单击其后的“...”按钮,选择“d:\vfp\实验 17\Classlib. vcx”类库文件。

③ 在“显示类”框中选择“opt_xb”类,如图 17-5 所示。

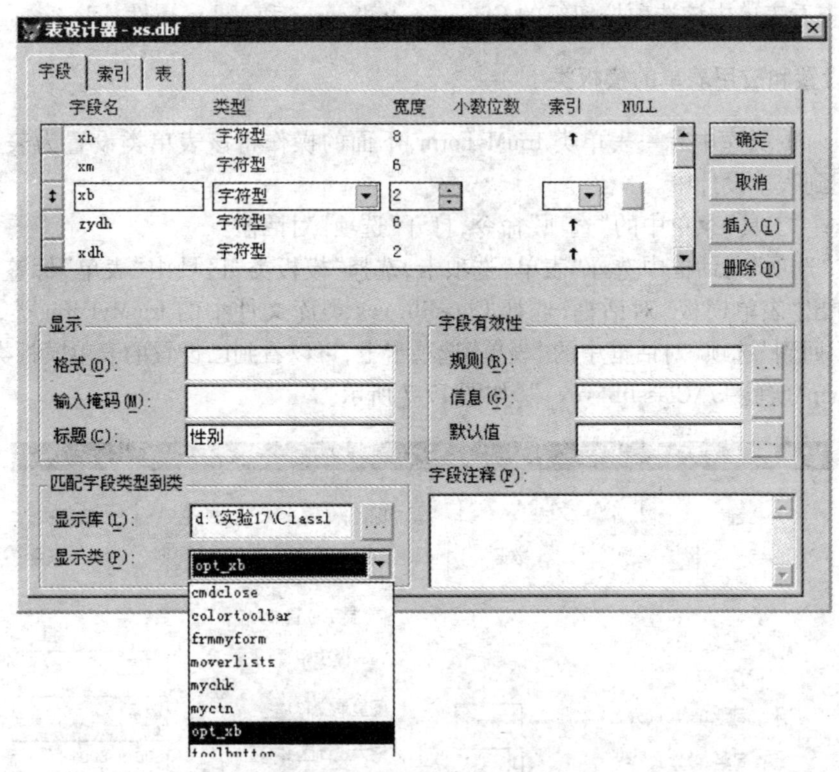

图 17-5　为 xb 字段指定默认显示类 opt_xb

2. 在"表单设计器"窗口中利用字段的默认显示类创建控件。

将 xs(学生)表中 xb(性别)字段的默认显示类应用到表单 xs. scx,操作步骤如下:

① 在"项目管理器"窗口中选择 xs. scx 表单,并在"表单设计器"中打开。

② 在"表单设计器"中打开"数据环境"窗口,将"数据环境"窗口中的 xs 表的 xb 字段拖放到表单区域中"性别"标签的后面,则在"表单设计器"中创建的控件将不是文本框而是选项按钮组,如图 17-6 所示。

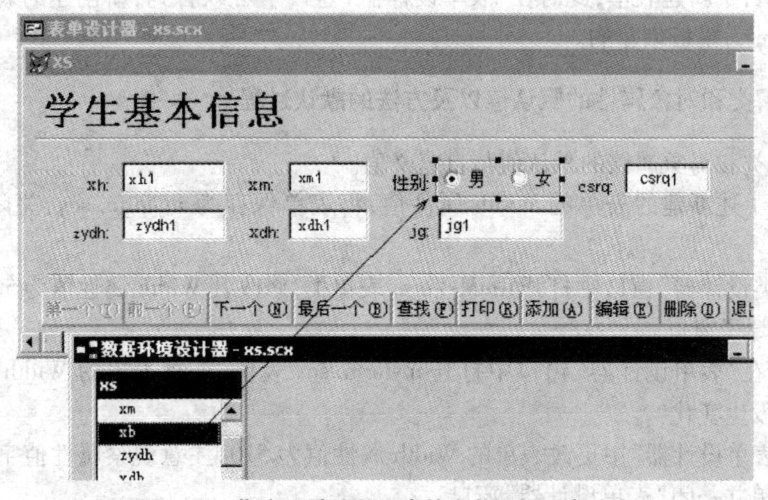

图 17-6　指定了默认显示类的字段添加到表单中

查看表单中该选项按钮组的 Class、ControlSource 和 Value 属性。

四、设置和应用表单的模板类

在 Classlib 类库中有一表单类 frmMyForm，下面的操作将该表单类设置为表单的模板类，并应用到表单设计中。

① 选择“工具”菜单中的“选项”命令，打开“选项”对话框。

② 在“选项”对话框中选择“表单”选项卡，选择“模板类”区域中“表单”标签前的复选框，系统弹出“表单模板”对话框，选择 Classlib. vcx 类库文件中的 frmMyForm 类，单击“确定”按钮。回到“选项”对话框中的“表单”选项卡上，可以看到已设置的表单模板类“frmMyForm(d:\vfp\实验 17\Classlib. vcx)”，如图 17-7 所示。

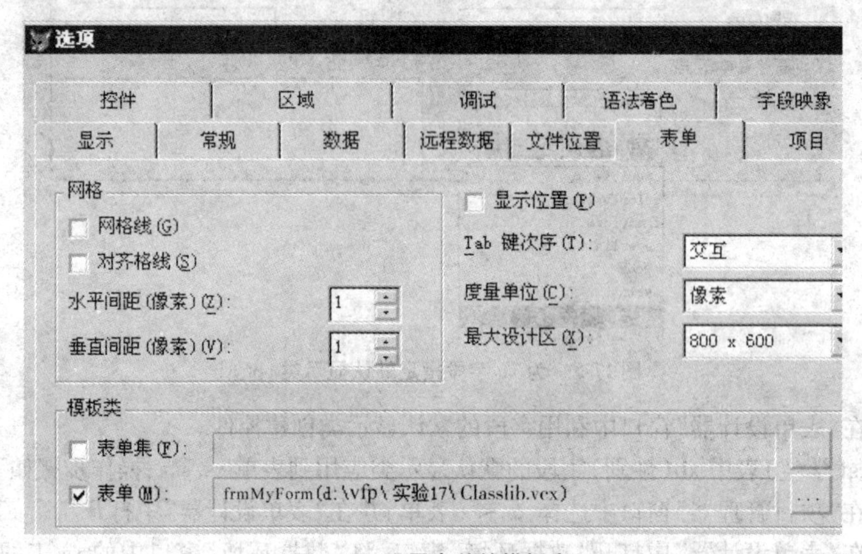

图 17-7 设置表单的模板类

③ 在“选项”对话框中单击“确定”按钮，以使设置生效，并关闭“选项”对话框。

④ 在项目中新建表单，此时在“表单设计器”窗口中可以看到，新创建的表单是以表单类 frmMyForm 为模板创建的。

五、理解类和对象属性的默认值以及方法的默认过程

1. 理解类和对象属性的默认值与自定义值。

① 记录上述新建的表单的 Width 属性值，将表单保存为 myform. scx，关闭“表单设计器”窗口。

② 在“类设计器”窗口中打开 frmMyForm 表单类，修改其 Width 属性值为 500，保存类并关闭“类设计器”窗口。

③ 重新在“表单设计器”窗口中打开 myform. scx 表单，查看表单的 Width 属性值是多少？有没有发生变化？

④ 在“表单设计器”中更改表单的 Width 属性值为 510，注意观察属性值字体粗细的变化。保存表单并关闭“表单设计器”窗口。

⑤ 重新在“类设计器”窗口中打开 frmMyForm 类，再将 Width 属性值由 500 改为 350，保

存类并关闭“类设计器”窗口。

⑥ 再在“表单设计器”窗口中打开 myform.scx 表单，查看表单的 Width 属性值是多少？有没有发生变化？

⑦ 在“属性”窗口中，选择表单的 Width 属性，单击鼠标右键，在快捷菜单中选择“重置默认值”，此时 Width 属性值变为多少？属性值字体粗细有何变化？

2. 理解类和对象方法的默认过程与自定义过程

① 在“表单设计器”窗口中打开 myform.scx 表单，查看表单中“关闭”命令按钮 cmdClose1 的 Click 事件的方法代码。

② 保存并运行该表单，单击表单中的“关闭”按钮，发现表单窗口被关闭了。

③ 重新在“表单设计器”窗口中打开 myform.scx 表单，设置表单中“关闭”命令按钮 cmdClose1的 Click 事件的方法代码如下：

```
MESSAGEBOX("你单击了关闭按钮!")
```

④ 保存并运行该表单，单击表单中的“关闭”按钮(发现了什么？表单有没有被关闭?)。

⑤ 单击“常用”工具栏中的“修改表单”按钮，回到“表单设计器”窗口中，重新设置“关闭”命令按钮 Click 事件的方法代码，增加一行代码如下：

```
DODEFAULT()
```

⑥ 保存并运行该表单，单击表单中的“关闭”按钮(发现了什么？表单有没有被关闭?)。

说明：设置了对象的自定义过程代码，将覆盖其父类相应的默认代码。“关闭”按钮的 Click 事件代码利用 DODEFAULT()函数调用了父类 cmdClose 中的 Click 事件代码。

实验思考题

1. 在“表单设计器”窗口中设计表单时，如果将“项目管理器”窗口中类库中的表单类拖放到“表单设计器”窗口中，情况会是怎样？

2. 在“表单设计器”窗口中设计表单时，除了可以将选定控件另存为类以外，还可以将什么另存为类？请在“另存为类”对话框中寻找答案。

3. 使用字段的默认显示类、表单和表单集的模板类有什么好处？你觉得什么时候需要设置并使用表单的模板类？

4. 类和对象属性的默认值以及方法的默认过程说明了类的什么特性？

5. 在对象的方法程序中，如果既要沿用父类的默认过程，又要增加新的代码，该如何实现？

6. 在创建的 myform.scx 表单中，“关闭”按钮没有 Click 事件代码，但它具有关闭表单的功能，请以有关属性为线索，找出它实现关闭表单功能的原始代码的位置。

第8章 报表的创建与使用

本章实验的总体要求是：学习报表向导与报表设计器的使用，要求能利用报表设计器修改或创建报表。

实验18 报表向导与报表设计器

实验要求

1. 本实验建议在两课时内完成。
2. 掌握使用报表向导与报表设计器的方法。
3. 能利用报表设计器修改或创建报表。

实验准备

1. 复习教材第8章关于设计报表和创建报表的内容。
2. 创建一个自由表文件 sp(商品)，其表结构如下所述：

字段名	类型	宽度	小数位	含义
bh	C	6		编号
spmc	C	20		商品名称
jj	N	10	2	进价
sj	N	10	2	售价
sl	N	5		数量

根据表达式“(sj－jj)＊sl”创建索引，索引标识为 ll。表的数据自定。

实验内容

本次实验的主要内容是利用向导创建报表，以及利用报表设计器修改/创建报表。用于创建报表的向导,分为"报表向导"、"分组/总计报表向导"和"一对多报表向导"这三种。在进行实验之前,可通过 Visual FoxPro 系统的"帮助"查看报表的有关内容。

一、利用"报表向导"创建简单报表

报表向导可用于创建基于一个表的简单报表,操作步骤如下:

① 在"项目管理器"窗口中单击"报表",单击"新建"命令按钮,单击"报表向导"。

② 在出现的"向导选取"对话框中双击"报表向导"。

③ 步骤1—字段选取:选取 js 表中的 gh、xm、ximing 等字段。

④ 步骤2—选择报表样式:选取"帐务式"。

⑤ 步骤3—定义报表布局:"列数"定义为2,其他为默认值。

⑥ 步骤4—排序记录:选择以 ximing 字段排序且为降序。

⑦ 步骤5—完成:先选择"预览"(这时会出现"预览"工具栏),关闭预览窗口后保存报表(文件名为 rpt1)供以后使用。

二、利用"分组/总计报表向导"创建报表

分组/总计报表向导可用于创建基于一个表的数据进行分组与统计的报表,操作步骤如下:

① 在"项目管理器"窗口中单击"报表",单击"新建"命令按钮,单击"报表向导"。

② 在出现的"向导选取"对话框中双击"分组/总计报表向导"。

③ 步骤1—字段选取:选取 js 表中的 gh、xm、ximing、gl 等字段。

④ 步骤2—分组记录:分组依据选择 ximing,并选择"总计"与"小计"。

⑤ 步骤3—排序记录:选择以 gl 字段排序且为降序。

⑥ 步骤4—选择报表样式:选取"帐务式"。

⑦ 步骤5—完成:先选择"预览",关闭预览窗口后保存报表(文件名为 rpt2)供以后使用。

三、利用"一对多报表向导"创建报表

一对多报表向导可用于创建基于具有一对多关系的两个表的报表,操作步骤如下:

① 在"项目管理器"窗口中单击"报表",单击"新建"命令按钮,单击"报表向导"。

② 在出现的"向导选取"对话框中双击"一对多报表向导"。

③ 步骤1—从父表中选择字段:选取 xs 表中的 xh、xm、ximing 等字段。

④ 步骤2—从子表中选择字段:选取 cj 表中的 kcdh、cj 等字段。

⑤ 步骤3—关联表:以默认值为准(在数据库中已创建了永久性关系)。

⑥ 步骤4—排序记录:选择以 ximing 与 xh 字段排序。

⑦ 步骤4—选择报表样式:选取"经营式"。

⑧ 步骤5—完成:先选择"预览"(这时会出现"预览"工具栏),关闭预览窗口后保存报表(文件名为 rpt3)供以后使用。

四、利用报表设计器创建报表

利用报表设计器可以修改报表或创建新的报表。例如,要创建新的如图 18-1 所示的报表,操作步骤如下:

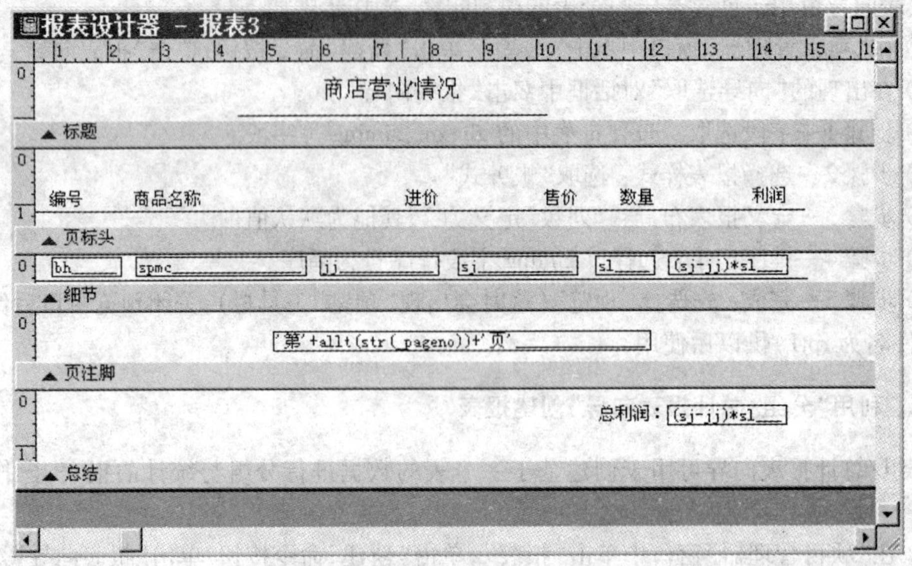

图 18-1 基于报表设计器创建的报表

① 在"项目管理器"窗口中单击"报表",单击"新建"命令按钮,单击"新报表"。

② 单击"查看"菜单中的"数据环境"命令,打开"数据环境"窗口。

③ 利用快捷菜单中的"添加"命令向"数据环境"窗口中添加自由表 sp。

④ 从"数据环境"窗口中将 sp 表的 bh、spmc、jj、sj、sl 等字段拖放到报表设计区的"细节"带区中,以生成相应的域控件。

⑤ 将报表以 rpt4 为文件名进行保存后,预览报表,关闭预览窗口。

⑥ 打开"报表控件"工具栏。

⑦ 向报表的"页标头"带区添加标签控件。单击"报表控件"工具栏上的标签按钮,在"页标头"带区输入标签的文本。这与向表单中添加标签控件不同,且修改文本必须将该标签删除后添加。修改标签的字体等属性,可利用系统的"格式"菜单进行。

⑧ 向报表中添加线条控件或形状控件。单击"报表控件"工具栏上的"线条"或"形状"控件按钮后,在"细节"带区中利用鼠标的拖放操作生成线条或形状。

⑨ 向报表中添加域控件。单击"报表控件"工具栏上的"域"控件按钮后,在"细节"带区中利用鼠标的拖放操作生成大小合适的域控件。在系统随即打开的"报表表达式"对话框中,输入计算商品利润的表达式"(sp - jj) * sl"。

⑩ 保存报表,预览报表,关闭预览窗口。

⑪ 利用"报表"菜单中的"标题"→"总结"菜单命令为报表添加"标题"与"总结"带区。

⑫ 向"总结"带区中添加标签控件。

⑬ 向"总结"带区中添加标签控件与域控件。域控件的表达式为"(sp - jj) * sl",并在"报表表达式"对话框中选择"计算"命令后,在打开的"计算字段"对话框中选择"总和"。

⑭ 向"页注脚"带区中添加域控件,域控件的表达式为"'第' + ALLT(STR(_pageno)) + '页'"。

⑮ 预览报表,关闭预览窗口,保存报表。

⑯ 设置报表的排序依据。打开报表的"数据环境"窗口,利用快捷菜单中的"属性"命令,在"属性"窗口中设计报表的 Order 属性为"LL"。

⑰ 预览报表,关闭预览窗口,保存报表。

五、创建基于查询的报表

在报表的"数据环境"窗口中,可以直接添加表或视图。对于查询来说,可以设置查询的去向为"报表"。要创建一个基于查询的报表,操作步骤如下:

① 在"项目管理器"窗口中双击报表 rtp4,将该报表在"报表设计器"窗口中打开。

② 利用"文件"菜单中的"另存为"命令,将该报表另存为 rpt5 报表文件。

③ 从报表的"数据环境"窗口中移去自由表 sp,并为数据环境的 Init 事件设置如下的事件处理代码:

```
SELECT  bh, spmc, jj, sj, sl, (sj - jj) * sl  AS  毛利;
        FROM  sp  INTO CURSR  xxx
```

④ 修改报表中"细节"带区与"总结"带区中的所有域控件的报表表达式,分别由基于自由表 sp 的表达式改成基于临时表 xxx 的表达式。

⑤ 预览报表,关闭预览窗口,保存报表,然后将报表文件 rpt5 添加到项目中。

如果查询语句不在报表的"数据环境"窗口中设置,也可以先报告该查询语句后运行/预览该报表。

第9章

菜单与工具栏

本章实验的总体要求是：掌握用“菜单设计器”设计一般菜单和快捷菜单的方法，菜单程序的生成和运行，以及工具栏的设计和应用。

实验19　菜单与工具栏的设计和使用

实验要求

1. 本实验建议在两课时内完成。
2. 掌握用“菜单设计器”设计一般菜单和快捷菜单的方法。
3. 掌握菜单程序的生成和运行方法。
4. 掌握工具栏类的设计方法。
5. 掌握将工具栏类应用到表单集的方法。
6. 了解 SDI 菜单的创建和使用方法。

实验准备

1. 复习教材第9章的内容。
2. 启动 Visual FoxPro 6.0 程序，将“d:\vfp\实验19”文件夹设置为默认的工作文件夹。
3. 打开该文件夹中的项目文件“实验19”。

实验内容

一、菜单的创建和使用

1. 创建一般菜单。

以下操作在实验19项目中创建 menua.mnx 一般菜单文件，菜单结构如图19-1所示。菜单栏中包含两个菜单：“文件”和“编辑”。“文件”菜单下含有“新建”、“打开”和“退出”三个菜单项，“编辑”菜单下包含“剪切”、“复制”和“粘贴”三个菜单项。

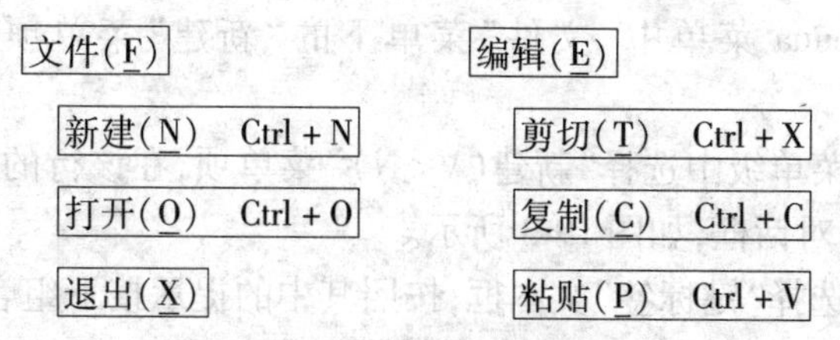

图 19-1 menua 菜单结构

（1）在项目中新建一般菜单。

① 选择“项目管理器”窗口中的“其他”选项卡，并选择其中的菜单，单击“新建”按钮，出现“新建菜单”对话框。

② 单击“新建菜单”对话框中的“菜单”按钮，进入“菜单设计器”窗口。在“菜单名称”栏下依次输入“文件(\ <F)”和“编辑(\ <E)”菜单，如图 19-2 所示。

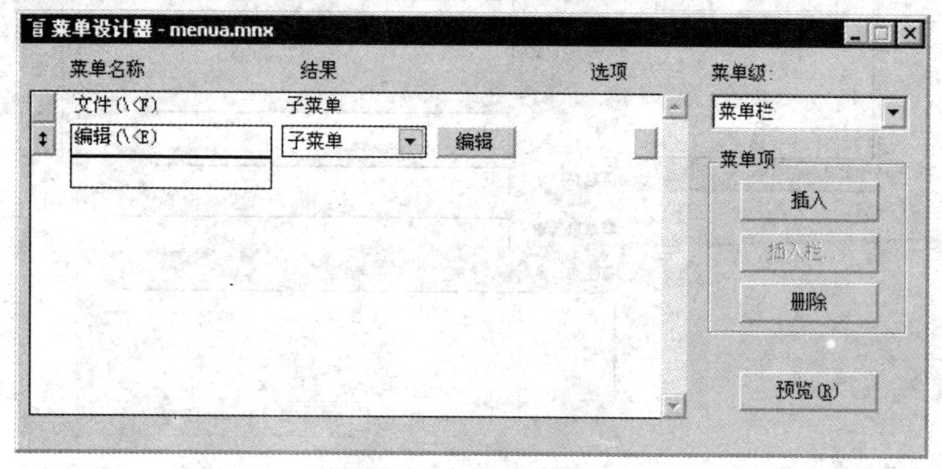

图 19-2 “菜单设计器”窗口

（2）创建“文件”菜单的子菜单。

① 在“菜单设计器”窗口中选定“文件”菜单行，确保“结果”栏中选择的是“子菜单”，单击其后的“创建”按钮。

② 此时“菜单级”下拉列表中显示的是“文件 F”，表明当前菜单列表中创建的菜单项是“文件”菜单的子菜单项。在列表的“菜单名称”栏下依次输入“新建(\ <N)”、“打开(\ <O)”和“退出(\ <X)”。

（3）在菜单项之间插入分组线。

① 在“文件 F”菜单级中选择“打开(\ <O)”菜单项，单击“菜单设计器”右边的“插入”按钮，在菜单项列表中即增加一行“新菜单项”。

② 将该行的菜单名称“新菜单项”改为“\ -”。

（4）为菜单项指定命令。

在“文件 F”菜单级中选择“退出(\ <X)”菜单项，在该行的“结果”栏下选择“命令”，在命令接收框中输入：

```
SET SYSMENU TO DEFAULT
```

（5）为菜单项设置快捷键。

以下操作为 menua 菜单中“文件”菜单下的“新建”菜单项设置快捷键 < Ctrl > + < N >。

① 在“文件 F”菜单级中选择“新建(\ < N)”菜单项,在该行的“选项”栏下单击命令按钮,出现“提示选项”对话框,如图 19-3 所示。

② 在对话框中选择“键标签”文本框,按照其中的提示按下组合键 < Ctrl > + < N >,可以看到在“键标签”和“键说明”文本框中都显示为“Ctrl + N”。

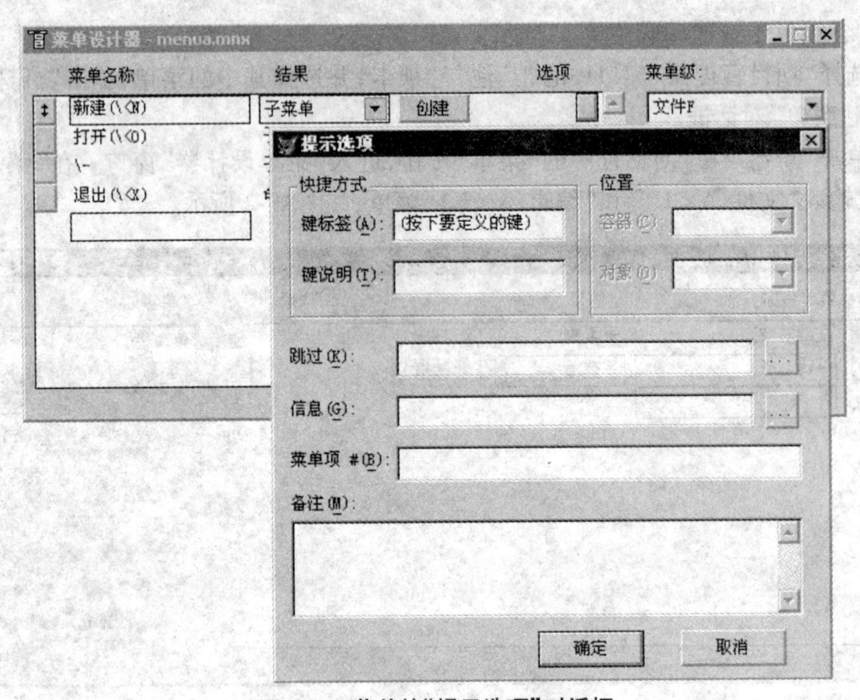

图 19-3　菜单的“提示选项”对话框

(6) 在“编辑”菜单下插入系统菜单栏。

① 选择菜单级为“菜单栏”。

② 选择“编辑”菜单项,并创建其子菜单。

③ 在子菜单中单击“插入”按钮,出现“插入系统菜单栏”对话框,在该对话框的列表中选择“剪切(T)”,再单击“插入”按钮,如图 19-4 所示。

④ 再依次插入“复制(C)”和“粘贴(P)”,然后单击“关闭”按钮。

⑤ 在插入的三个系统菜单项中,拖动它们左侧的移动钮,以调整它们的顺序依次为“剪切”、“复制”和“粘贴”。

(7) 预览菜单。

① 在“菜单设计器”中单击“预览”按钮,这时系统菜单栏即变为你所设计的菜单样式,同时会出现一个“预览”对话框。

② 用鼠标点击菜单可以展开子菜单,但此时并不会执行菜单所赋予的功能。

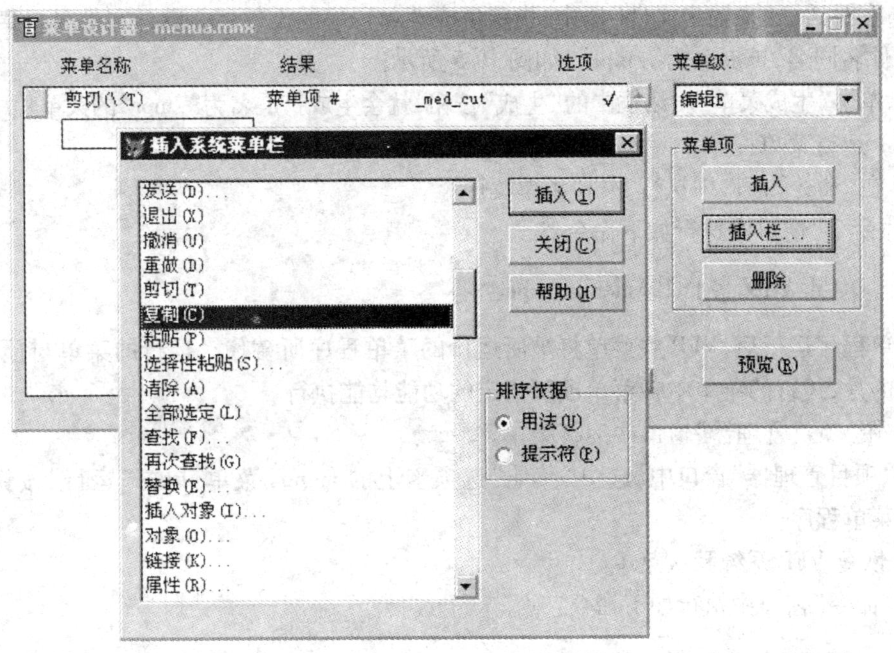

图 19-4　"插入系统菜单栏"对话框

③ 单击"预览"对话框中的"确定"按钮,结束预览。

2. 生成并运行一般菜单程序。

(1) 生成 MPR 菜单程序文件。

用菜单设计器所设计的菜单被保存为 MNX 菜单文件,它并不能直接运行,要运行菜单,需要先将 MNX 的菜单文件生成为 MPR 的菜单程序文件。生成菜单程序的步骤如下:

① 确保上述设计的菜单文件 menua. mnx 已在"菜单设计器"中打开,并且是活动窗口,保存当前设计的菜单。

② 从"菜单"菜单中选择"生成"命令,出现"生成菜单"对话框。

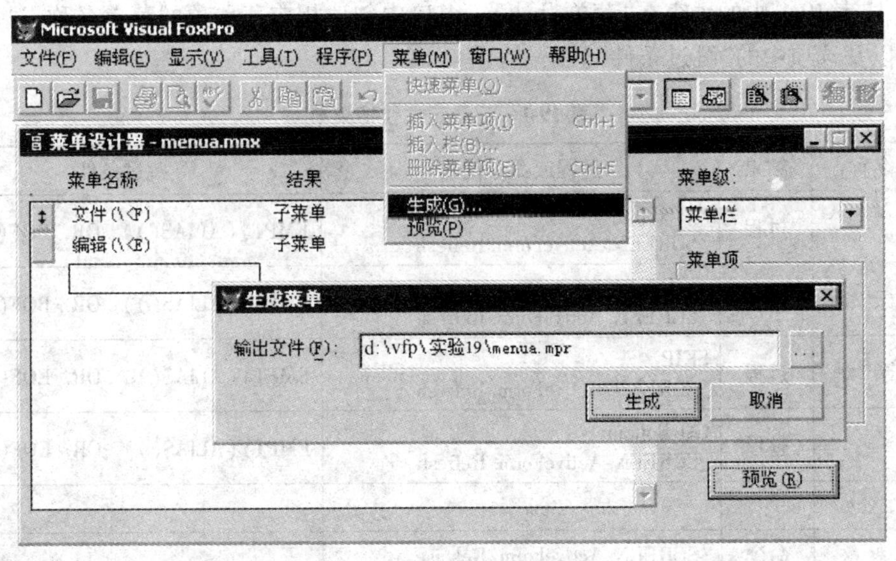

图 19-5　生成菜单程序文件

③ 在对话框的"输出文件"框中,指定生成菜单程序的文件名。默认文件名与菜单文件的主文件名同名,扩展名为".mpr",如图 19-5 所示。

④ 单击"生成菜单"对话框中的"生成"按钮,就会生成扩展名为".mpr"的菜单程序文件。

(2) 运行菜单程序。

① 在"命令"窗口中执行 MPR 菜单程序。

在"命令"窗口中执行如下命令:

```
DO d:\vfp\实验 19\menua.mpr
```

菜单程序运行后,VFP 主菜单将被所运行的菜单程序所替代。运行的菜单与预览的菜单不同的是,运行的菜单中各菜单项所指定的功能均能执行。

② 在"项目管理器"窗口中运行菜单。

在"项目管理器"窗口中,选中"其他"选项卡上的 menua 菜单,单击"运行"按钮,也可以运行菜单程序。

③ 恢复 VFP 系统默认菜单。

在"命令"窗口中执行如下命令:

```
SET SYSMENU TO DEFAULT
```

命令执行后,菜单恢复为 VFP 系统的默认菜单。

如果已经运行了 menua.mpr 菜单程序,并且为"退出"菜单项设置了上述命令,则可直接选择"退出"菜单项来恢复系统默认菜单。

3. 创建快捷菜单。

下面的操作将设计一个用于在表单中进行记录定位的快捷菜单,效果如图 19-6 所示。

① 在"项目管理器"窗口中选择"其他"选项卡,选择"菜单",单击"新建"按钮,出现"新建菜单"对话框。

② 在对话框中单击"快捷菜单"按钮,出现"快捷菜单设计器"窗口。

③ 按表 19-1 中的内容在"菜单设计器"窗口中创建相应菜单项的菜单名称、过程或命令代码以及选项中的"跳过条件"。

表 19-1 记录定位快捷菜单

菜单名称	结果	过程或命令代码	跳过条件
首记录	过程	GO Top _SCREEN.ActiveForm.Refresh	EMPTY(ALIAS()).OR. BOF()
上一记录	过程	SKIP -1 _SCREEN.ActiveForm.Refresh	EMPTY(ALIAS()).OR. BOF()
下一记录	过程	SKIP _SCREEN.ActiveForm.Refresh	EMPTY(ALIAS()).OR. EOF()
末记录	过程	GO Bottom _SCREEN.ActiveForm.Refresh	EMPTY(ALIAS()).OR. EOF()
\-			
关闭表单	命令	_SCREEN.ActiveForm.Release	

④ 保存快捷菜单文件为“d:\vfp\实验 19\kjcd. mnx”,并生成相应的菜单程序文件“d:\vfp\实验 19\kjcd. mpr”。

⑤ 关闭“菜单设计器”窗口,在“项目管理器”窗口中选择“文档”选项卡,选择 xs 表单。

⑥ 单击“修改”按钮,在“表单设计器”窗口中打开 xs 表单,设置表单的 RightClick 事件代码如下:

```
DO kjcd. mpr
```

⑦ 保存并运行表单,效果如图 19-6 所示。

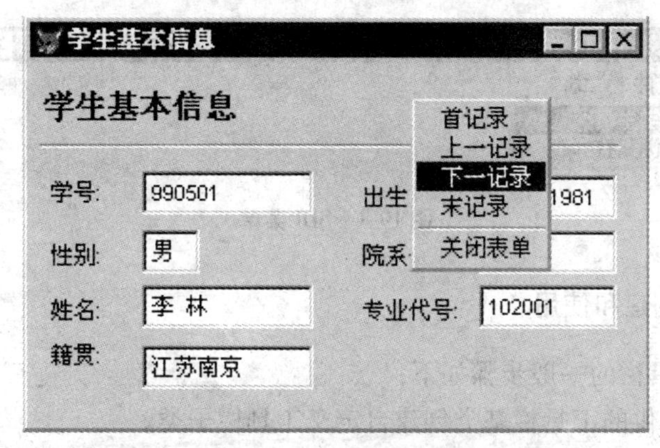

图 19-6　在表单运行的快捷菜单程序

4. 创建 SDI 菜单。

在实验 19 项目中已存在一个一般菜单文件 sdi_menu. mnx 和一个表单文件 sdi. scx。以下操作将 sdi_menu 修改成 SDI 菜单,并将其应用到表单中。

① 在“菜单设计器”中打开 sdi_menu 菜单,选择“显示”菜单中的“常规选项”菜单项。

② 在打开的“常规选项”对话框中,选择“顶层表单”复选框,如图 19-7 所示,单击“确定”按钮。

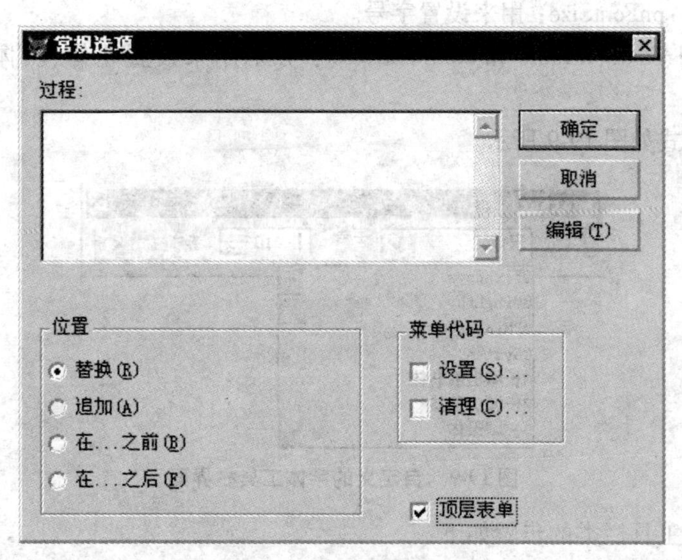

图 19-7　“常规选项”对话框

③ 保存菜单文件,并生成菜单程序文件“d:\vfp\实验19\sdi_menu.mpr”,关闭“菜单设计器”窗口。

④ 在“表单设计器”中打开 sdi.scx 表单。

⑤ 将表单的 ShowWindows 属性设置为“2—作为顶层表单”。

⑥ 为表单的 Init 事件添加如下事件代码:

```
DO sdi_menu.mpr WITH This, .T.
```

⑦ 保存并运行表单,运行效果如图 19-8 所示。

图 19-8　SDI 菜单

二、工具栏的创建和使用

创建自定义工具栏的一般步骤如下:

① 从 VFP 所提供的工具栏基类创建自定义工具栏子类。

② 在工具栏类中创建必要的命令按钮或其他对象,并设置有关的属性、方法和事件代码。

③ 将自定义工具栏类添加到一个表单集中。

1. 定义工具栏类。

下面的操作将创建一个字体工具栏类 tbFont,用来设定活动表单中活动控件的字体、字号以及粗体和斜体。所含的主要控件及作用是:

下拉组合框控件 cboFontName:用来从已安装的系统字体列表中选择字体。

微调框控件 spnFontSize:用来设置字号。

cmdFontBold、cmdFontItalic 和 cmdFontReset:分别用来设置粗体、斜体和恢复字体的功能。

完成后的样式如图 19-9 所示。

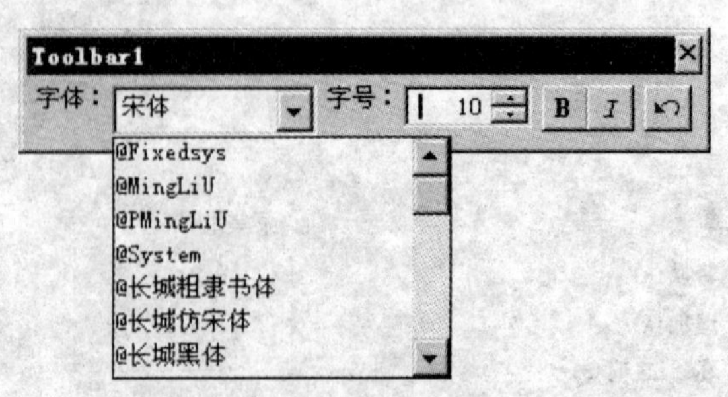

图 19-9　自定义的字体工具栏界面

创建 tbFont 工具栏类的步骤如下:

① 选择实验 19 项目中的 Classlib 类库,单击“新建”按钮,在“新建类”对话框的“派生

于"栏中选择"Tooblbar"基类,在"类名"栏中键入"tbFont",单击"确定"按钮,进入"类设计器"窗口。

② 在"类设计器"窗口中依次向 tbFont 工具栏类中添加如下控件,并设置有关的属性及事件方法代码:

● 添加用于列出字体的下拉组合框控件,命名为 cboFontName。

设置 cboFontName 的 Init 事件代码如下:

```
DIMENSION x[1]
= AFONT(x)                          && 将系统字体名存放到 x 数组中
FOR i = 1 TO ALEN(x)
    This. AddItem(x[i])             && 将数组中的字体名加入到列表中
ENDFOR
This. Value = "宋体"
```

设置 cboFontName 的 InteractiveChange 事件代码如下:

```
obj = _SCREEN. ActiveForm. ActiveControl
IF INLIST(obj. BaseClass,"Textbox","Editbox","Combobox")
    obj. FontName = This. Value
ENDIF
```

● 添加用于设置字号的微调框控件,命名为 spnFontSize。

设置 spnFontSize 的主要属性如下:

```
KeyboardHighValue:          72
KeyboardLowValue:           5
SpinnerHighValue:           72
SpinnerLowValue:            5
Value:                      10
```

设置 spnFontSize 的 InteractiveChange 事件代码如下:

```
obj = _SCREEN. ActiveForm. ActiveControl
IF INLIST(obj. BaseClass,"Textbox","Editbox","Combobox")
    obj. FontSize = This. Value
ENDIF
```

● 添加用于设置粗体的命令按钮,命名为 cmdFontBold。

设置 cmdFontBold 的主要属性如下:

```
Caption:                    "B"
FontBold:                   .T.
```

设置 cmdFontBold 的 Click 事件代码如下:

```
obj = _SCREEN. ActiveForm. ActiveControl
```

```
IF INLIST(obj.BaseClass,"Textbox","Editbox","Combobox")
    obj.FontBold = ! obj.FontBold
ENDIF
```

● 添加用于设置斜体的命令按钮,命名为 cmdFontItalic。

设置 cmdFontItalic 的主要属性如下:

```
Caption:                          "I"
FontItalic:                       .T.
```

设置 cmdFontItalic 的 Click 事件代码如下:

```
obj = _SCREEN.ActiveForm.ActiveControl
IF INLIST(obj.BaseClass,"Textbox","Editbox","Combobox")
    obj.FontItalic = ! obj.FontItalic
ENDIF
```

● 添加用于恢复字体设置的命令按钮,命名为 cmdFontReset。

设置 cmdFontReset 的主要属性如下:

```
Picture:          undo.bmp
```

图片文件 undo.bmp 可以在"c:\Program Files\Microsoft Visual Studio \Common\Graphics \ Bitmaps\tlbr_w95\"目录中找到。

设置 cmdFontReset 的 Click 事件代码如下:

```
obj = _SCREEN.ActiveForm.ActiveControl
IF INLIST(obj.BaseClass,"Textbox","Editbox","Combobox")
    obj.ResetToDefault("FontName")
    obj.ResetToDefault("FontSize")
    obj.ResetToDefault("FontBold")
    obj.ResetToDefault("FontItalic")
ENDIF
```

● 在组合框前添加"字体:"标签,在微调框控件前插入"字号:"标签,在"字体"列表控件与"字号:"标签之间,以及在"字号"微调框控件与"粗体"按钮之间插入分割符(Separater)控件,使它们之间分隔一点距离。

③ 保存所设计的类,并关闭"类设计器"窗口。

2. 将工具栏类添加到表单集中。

① 在"表单设计器"窗口中打开实验 19 项目中的 js 表单。

② 在"表单"菜单中选择"创建表单集"命令,将表单创建为表单集。

③ 在实验 19 项目中选择 Classlib 类库中刚创建的 tbFont 工具栏类,并将之拖放到"表单设计器"窗口区域。

④ 添加完成后运行表单集,观察运行效果。

3．定制工具栏运行时的泊留状态。

工具栏在运行时,可以泊留在系统主窗口或顶层表单的四边。工具栏的泊留状态可以使用工具栏的 Dock 方法来实现。

下面的操作将使得 tbFont 工具栏在运行时,首先泊留在系统主窗口的左边。

① 将运行的或者在“表单设计器”中打开的 js 表单集关闭。

② 在“类设计器”窗口中重新打开 tbFont 工具栏类。

③ 在工具栏类的 Init 事件代码中加入如下代码：

```
This.Dock(1)
```

实验思考题

1．在“菜单设计器”窗口中对 menua.mnx 菜单进行修改,增加一个菜单栏“帮助(H)”,保存菜单,再运行 menua.mpr 程序,菜单修改有没有反映到菜单程序中？如果没有,如何使菜单程序与最新的菜单设计保持一致？

2．如何将实验中添加了 tbFont 工具栏的表单集改造成仅包含工具栏的独立表单？除此以外,还有什么方法可以创建独立的工具栏表单？

3．如何使得独立的工具栏表单随着另一个表单的运行而自动运行？

4．请通过实验验证 VFP 基类控件中有哪些控件是不可以添加到工具栏中的？

5．工具栏的 Dock 方法可以使用哪些参数？这些参数的含义分别是什么？

第10章

应用程序的开发与发布

本章实验的总体要求是:掌握 VFP 数据库应用系统的构造方法,了解 VFP 应用系统的发布方法。

实验 20　构造应用程序的一般方法

实验要求

1. 本实验建议在两课时内完成。
2. 掌握项目中文件的“包含”与“排除”的设置方法。
3. 掌握主程序的创建和设置的方法。
4. 掌握连编可执行应用程序的方法。

实验准备

1. 复习教材第 10 章的内容。
2. 启动 Visual FoxPro 6.0 程序,将“d:\vfp\实验 20”文件夹设置为默认的工作文件夹。

实验内容

本实验将要完成一个完整的数据库应用程序——教学管理系统。系统的数据库以及大部分的程序已经创建好,尚需要做的工作是:重新组织系统的所有文件和文件夹,创建新的项目管理这些文件,完善应用程序的主菜单,创建主程序文件,连编生成可执行的 EXE 文件。

一、创建文件夹结构,分类存放不同类型的文件

在“实验 20”文件夹中已经包含数据库、表、查询、表单、报表、类库、程序、菜单、帮助和图片等各种文件,其中数据库和表文件已经存放在“data”文件夹中,图片文件已经存放在

“graphics”文件夹中。

打开Windows的“资源管理器”窗口,选择“实验20”文件夹,可以看到其中包含“data”和“graphics”两个文件夹以及“表20-1”中所列的文件。按照表格中的内容,在“资源管理器”中将尚未创建的文件夹逐一创建,然后将表中所列的各种类型的文件移动到相应的文件夹中(注意:是移动而不是复制)。

表20-1　应用程序所有文件列表

类型	文件夹	所含文件	文件说明
数据库和表	data	sjk. dbc、sjk. dct、sjk. dcx	数据库文件
		xs. dbf、xs. fpt、xs. cdx	学生表及其备注和索引文件
		js. dbf、js. fpt、js. cdx	教师表及其备注和索引文件
		kc. dbf、kc. cdx	课程表及其索引文件
		cj. dbf、cj. cdx	成绩表及其索引文件
		rk. dbf、rk. cdx	任课表及其索引文件
		xim. dbf、xim. cdx	院系表及其索引文件
		zc. dbf、zc. cdx	职称表及其索引文件
		zy. dbf、zy. cdx	专业表及其索引文件
查询	progs	jszcrs. qpr	查询各院系教师职称人数的查询文件
表单	forms	logo. scx、logo. sct	系统引导封面表单文件
		js. scx、js. sct	按院系查看教师信息表单文件
		jscx. scx、jscx. sct	教师信息查询表单文件
		jsrk. scx、jsrk. sct	教师任课情况表单文件
		jszcrs. scx、jszcrs. sct	统计各院系教师职称人数表单文件
		kc. scx、kc. sct	课程信息表单文件
		kccj. scx、kccj. sct	按课程输入学生成绩表单文件
		xs. scx、xs. sct	按专业查看学生信息表单文件
		xscj. scx、xscj. sct	学生各课程成绩信息表单文件
		xscjtj. scx、xscjtj. sct	统计各专业学生成绩表单文件
		xscx. scx、xscx. sct	查询学生信息表单文件
		options. scx、options. sct	院系、职称、专业的代码及名称设置
报表	reports	xsmd. frx、xsmd. frt	打印学生名单报表文件
		查询结果. frx, 查询结果. frt	打印查询结果报表文件
类库	libs	Classlib. vcx、Classlib. vct	类库文件

续表

类型	文件夹	所含文件	文件说明
程序	progs	main. prg	主程序文件
		procs. prg	自定义函数和过程的过程文件
		ini. prg	系统初始环境设置的程序文件
菜单	menus	main. mnx、main. mnt	主菜单文件
帮助	help	jxglhelp. chm	HTML 格式的帮助文件
图片	graphics	logo. jpg	引导表单中使用的封面图片文件
		books. ico	图标文件

二、用项目管理应用程序的所有文件

1. 在项目中添加各种类型的文件。

在"实验 20"文件夹中创建新的项目文件"jxgl. pjx",然后再将其存放在各子文件夹中的文件分别添加到项目的相应位置,如表 20-2 所示。

表 20-2　jxgl. pjx 项目中的文件设置

文件类型	所在文件夹	项目中的位置	包含/排除状态
数据库和表	data	数据/数据库	排除
查询	progs	数据/查询	包含
表单	forms	文档/表单	包含
报表	reports	文档/报表	排除
类库	libs	类	包含
程序	progs	代码/程序	包含
菜单	menus	其他/菜单	包含
帮助	help	其他/其他文件	排除
图片	graphics	其他/其他文件	排除

2. 在项目中设置各种类型文件的包含与排除状态。

按照表 20-2 中的最后一列设置各种类型文件在项目中的包含与排除状态。下面以排除报表文件"xsmd. frx"为例加以说明。

在刚创建的项目"jxgl"的"文档"选项卡中,选择"报表"类别项中的"xsmd. frx"报表文件,单击鼠标右键,弹出快捷菜单,如图 20-1 所示,选择快捷菜单中的"排除"命令。完成后,在"xsmd"报表文件前出现一个排除标记符号"⊘",如图 20-2 所示。

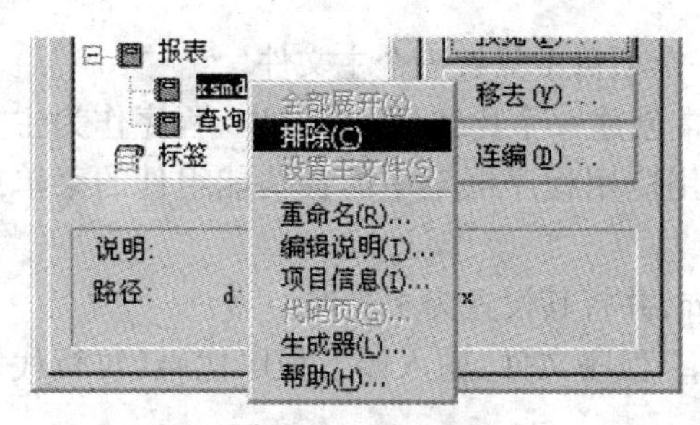

图 20-1　设置排除

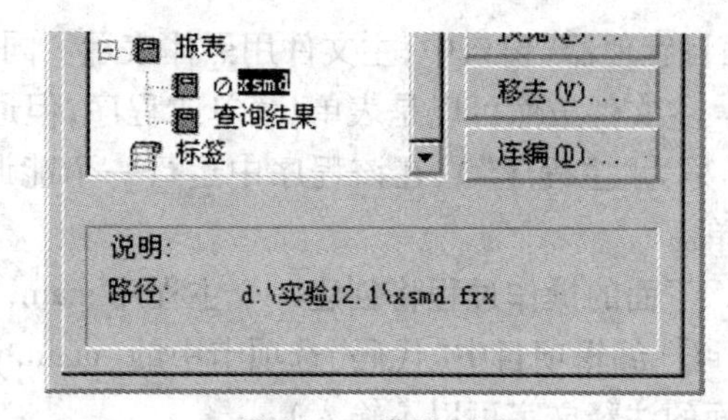

图 20-2　排除以后

其他文件的排除方法与此类似。如果所选定的文件已被排除，则在快捷菜单中将出现“包含”菜单项，单击“包含”菜单项，则选定文件被包含，文件名前的排除标记消失。

三、生成应用程序的可执行文件

1. 完善主菜单程序。

main. mnx 菜单文件中已经创建了菜单的基本框架，请按照表 20-3 中的内容完善菜单。

表 20-3　main. mnx 菜单结构

菜单名称	结果	选项
基本数据(\<D)	子菜单	
教师信息输入	命令	DO FORM js. scx
教师任课输入	命令	DO FORM jsrk. scx
课程信息输入	命令	DO FORM kc. scx
学生信息输入	命令	DO FORM xs. scx
按学生输入成绩	命令	DO FORM xscj. scx
按课程输入成绩	命令	DO FORM kccj. scx
其他数据设置	命令	DO FORM js. scx
退出	命令	CLEAR EVENTS
编辑(\<E)	子菜单	
撤消(\<U)	菜单项 #	_med_undo
重做(\<D)	菜单项 #	_med_redo
剪切(\<T)	菜单项 #	_med_cut
复制(\<C)	菜单项 #	_med_copy
粘贴(\<P)	菜单项 #	_med_paste
清除(\<A)	菜单项 #	_med_clear
查询(\<Q)	子菜单	
教师查询	命令	DO FORM jscx. scx
学生查询	命令	DO FORM xscx. scx
统计(\<T)	子菜单	
统计各院系教师职称人数	命令	DO FORM jszcrs. scx
统计学生成绩	命令	DO FORM xscjtj. scx
帮助(\<H)	子菜单	
系统说明	命令	SET HELP TO help\jxglhelp. chm

2. 创建主程序文件。

主文件是应用程序的起始执行点。它可以是项目中的任意一个程序、表单或菜单。在

“项目管理器”窗口中,主文件用黑体表示。同一个项目中只有一个主文件。

主文件虽然可以是表单、菜单或程序,但通常创建一个比较短小的 PRG 程序作为主文件(称为“主程序”),在该程序中运行一个能调用应用程序框架中的各功能组件的菜单或表单。

下面的操作过程将创建一个主程序 main. prg,并将其设置为主文件。

① 编辑项目中“代码”选项卡中的“main. prg”程序文件,输入如下程序代码(每行代码后面的注释文字可以不输入):

```
_SCREEN. Caption ="教学管理系统"      && 设置应用程序主窗口的标题
SET CENTURY ON                       && 设置日期中的年份包含世纪
SET DATE TO LONG                     && 设置日期格式为中文长日期格式
SET DELETE ON                        && 指定命令忽略带删除标记的记录
SET EXCLUSIVE OFF                    && 指定表以共享方式打开
SET PATH TO data;reports;help        && 设置文件搜索路径
SET PROCEDURE TO procs. prg          && 打开过程文件
SET SAFETY OFF                       && 指定覆盖文件时不提示
DO FORM logo. scx                    && 运行封面表单程序
DO main. mpr                         && 运行主菜单程序
READ EVENTS                          && 建立事件循环
```

② 完成后保存文件并关闭程序编辑窗口。

③ 在项目中选定 main. prg 程序文件,点击鼠标右键,出现快捷菜单,在菜单中选择“设置主文件”命令,此时 main 程序文件名将以粗体文字显示。

3. 连编应用程序。

在构造好主程序后,可以连编项目以编译应用程序,生成可执行的 EXE 应用程序文件。操作步骤如下:

① 单击“项目管理器”窗口中的“连编”按钮,屏幕弹出“连编选项”对话框,如图 20-3 所示。

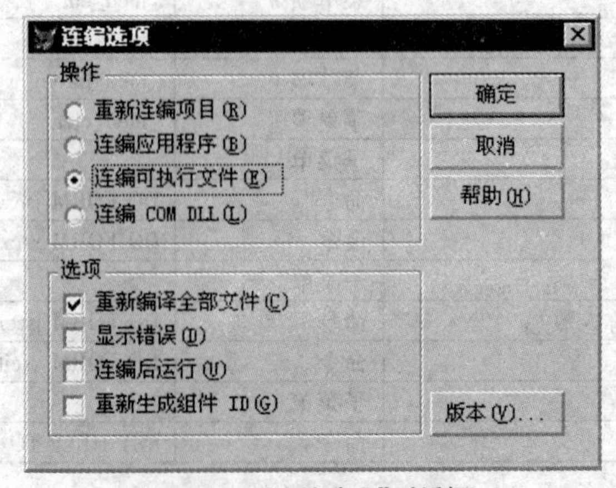

图 20-3 “连编选项”对话框

② 在对话框中的“操作”框内选择“连编可执行文件”项,单击“确定”按钮,出现“另存

为"对话框。

③ 在"另存为"对话框中选择存储的文件夹为"实验 20",输入文件名 jxgl. exe,单击"保存"按钮,系统开始连编应用程序,并生成 jxgl. exe 文件。

4. 运行应用程序。

连编生成的 jxgl. exe 可执行程序文件可以直接在 Windows 的"资源管理器"中运行。在"资源管理器"中选择"实验 20",双击 jxgl. exe 文件。

也可以在 Visual FoxPro 的"命令"窗口中用 DO 命令运行。在"命令"窗口中输入以下命令:

```
DO jxgl. exe
```

实验思考题

1. 系统默认哪些文件被添加到项目后是被排除的? 哪些文件是被包含的?

2. 文件在项目中的"包含"与"排除"设置,对连编后生成的 EXE 可执行文件的大小是否有影响? 试通过实验验证。

3. 当脱离 Visual FoxPro 环境,在 Windows 系统下直接运行连编后生成的 EXE 可执行文件时,在项目中被"包含"的文件(例如,表单文件)仍然需要吗? 对于在项目中被"排除"的文件呢? 试通过实验验证。

4. 在项目中为什么要将数据库和表文件、报表文件、帮助文件和图片文件排除?

5. 在项目被连编成应用程序前为何需要设置主文件? 哪些类型文件可以设置为主文件?

6. 在"连编选项"对话框中,"重新连遍项目"、"连编应用程序"和"连编可执行程序"三者有何区别? 连编后在运行时有何区别?

第11章

综合练习

本章综合了前面各章的各类操作，结合江苏省计算机等级考试，以等级考试上机试题的形式给出了三个练习，以期帮助学生了解自身掌握 VFP 的情况。每个练习建议按正常考试的 70 分钟为时限。

综合练习一

实验要求

1. 本实验要求在 70 分钟内完成。
2. 熟练掌握前述各章的实验内容。
3. 熟悉江苏省计算机等级考试的形式和题量。

实验准备

1. 启动 VFP 系统后，首先在“命令”窗口中执行下列命令，以设置默认的工作文件夹：

   SET DEFA TO d:\vfp\综合练习 01\

2. 除非题目要求，否则不要对文件夹中的文件进行重命名、复制和删除操作。

实验内容

一、项目、数据库和表操作

打开 d 盘根目录中的项目文件 jxgl，在该项目中已有一数据库 jxsj。

1. 按下列要求在数据库 jxsj 中新建一个表名为 ab 的数据库表。

(1) 按下表所示创建 ab 表的表结构（包括字段的标题属性）：

字段名	标题	类型	宽度	小数位数
flh	分类号	C	10	
tsmc	图书名称	C	20	
jg	价格	N	5	1
yz	印张	N	5	2

(2) 设置 flh 的字段格式：删除字段输入前导空格。

(3) 为表设置记录有效性规则：jg 小于印张数的 1.5 倍。

(4) 以 flh 的前三位为表达式为表创建唯一索引，索引名为 abcd。

2. 在项目中，将 js 表设置为"包含"状态。

3. 为课程安排(kcap)表增加一个主讲教师字段(字段名为 zjjs，类型为字符型，宽度为 20)，并设置有效性规则：不能为空(即必须含有非空格字符)，此规则对现有数据不对照。

4. 已知院系专业(yxzy)表和学生(xs)表存在相同的院系专业代码(yxzydm)字段，以 yxzy 表为主表，xs 表为子表，按 yxzydm 建立永久性关系，并设置 yxzy 表和 xs 表之间的参照完整性：删除级联。

二、设计查询

已知教师(js)表存储了每位教师的基本信息，其中含文化程度代码(whcd，C)、出生日期(csrq，D)等字段，视图 whcd 为文化程度代码与名称对照表，含文化程度代码(dm，C)和文化程度名称(mc，C)字段。按如下要求修改 jxgl 项目中的查询(chaxun)：

基于 js 表和 whcd 视图，统计各类文化程度的人数和平均年龄。要求：输出文化程度名称、人数和平均年龄(字段名依次分别为 mc、rs 和 pjnl)，查询结果按人数降序排序，相同时按平均年龄升序排序。(注：教师的年龄为当前日期的年份减去出生日期的年份)

三、设计菜单

jxgl 项目中已存在菜单 menu，已定义了"系统管理"菜单栏及其中的"恢复系统菜单"菜单项。按如下要求设计菜单，完成后的运行效果如图综 1-1 所示。

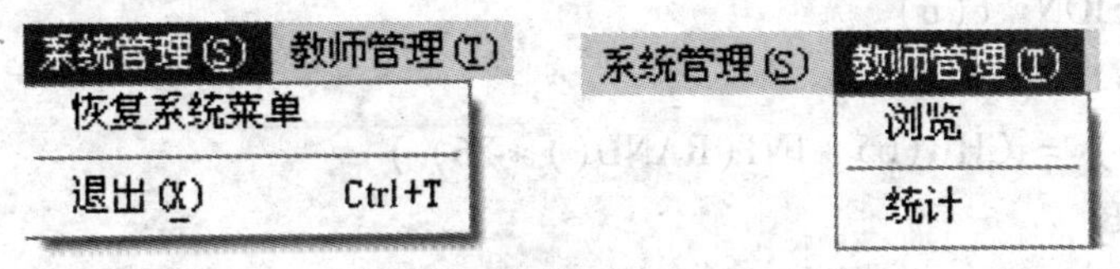

图综 1-1

1. 在"系统管理"菜单栏中插入 VFP 系统菜单"退出"，并为其设置快捷键 <Ctrl> + <T>。

2. 创建"教师管理"菜单栏，其访问键为 <T>，并创建其子菜单"浏览"和"统计"，分组线如图综 1-1 所示。

3. 为"统计"菜单项设置 SELECT-SQL 命令，其功能是统计并显示 js 表中各类职称(字段名为 zc)的人数，输出字段的字段名为 zc、rs。

四、设计表单

表单 f081a 用于对 kc 表进行插入、删除等操作。按下列要求修改表单，修改后表单运行时如图综 1-2 所示。

图综 1-2

1. 修改表单的有关属性,使表单的标题为“数据维护”,图标为 pc. ico 文件。

2. 首先将 kc 表添加到“数据环境”窗口中,然后从“数据环境”窗口中将 kc 表拖到表单上以生成一个表格控件,并设置该表格的有关属性,使得表格无删除标记列、无水平滚动条。

3. 添加一个命令按钮组,按图综 1-2 所示为命令按钮组设置有关属性,并编写 Click 事件代码,其功能是:首先将命令按钮组当前的 Value 属性值赋给变量 n,然后调用表单的新方法 XXX。

五、程序改错

下列程序的功能是:第一个循环随机生成 10 个大写英文字母,并且存放到数组 C 中,第二个循环实现数组 C 中 10 个元素内容的排序(从小到大)。要求:

① 将下列程序输入到项目中的程序文件 pcode 中,并对其中的两条错误语句进行修改。

② 在修改程序时,不允许修改程序的总体框架和算法,不允许增加或减少语句数目。

```
CLEAR
n =10
DIMENSION  c(n)
FOR i =1   TO  n
    c(i) = CHR(65 + INT(RAND() * 26) )
ENDFOR
FOR j =2 TO n
    m =c(j)
    FOR  t =1 TO j -1
        IF  m < c(t)
            FOR k =j TO t +1 STEP -1
                c(k) =c(k +1)
            ENDFOR
            c(t) = m
            Exit
```

```
        ENDIF
    ENDFOR
ENDDO
DISPLAY MEMO LIKE c*
```

综合练习二

实验要求

1. 本实验要求在70分钟内完成。
2. 熟练掌握前述各章的实验内容。
3. 熟悉江苏省计算机等级考试的形式和题量。

实验准备

1. 启动VFP系统后,首先在“命令”窗口中执行下列命令,以设置默认的工作文件夹:

SET DEFA TO d:\VFP\综合练习02\

2. 除非题目要求,否则不要对文件夹中的文件进行重命名、复制和删除操作。

实验内容

一、项目、数据库和表操作

打开d盘根目录中的项目文件jxgl,在该项目中已有一数据库jxsj。

1. 按下列要求在数据库jxsj中新建一个表名为ab的数据库表。

(1) 按下表所示创建ab表的表结构(包括字段的标题属性)。

字段名	标题	类型	宽度	小数位数
bh	编号	N	4	
xm	姓名	C	20	
bmrq	报名日期	D		
ksrq	考试日期	D		

(2) 为表设置记录有效性规则:要求先报名、后考试。

(3) 为bh字段设置默认值为当前记录号。

(4) 创建一个普通索引abcd,要求按bmrq字段排序,相同时按bh字段排序。

2. 为学生(xs)表设置插入触发器:班级编号(bjbh字段)的前两位必须为入学年份(来源于入学日期(rxrq)字段。例如,2008年入学的学生bjbh必须以“08”开头)。

3. 为学生(xs)表增加一个是否转专业字段(字段名为 zzy,类型为逻辑型),并为其赋值:如果院系专业代码(yxzydm 字段)的前四位与学号(xh 字段)中第 3 ~ 6 位不一致,则 zzy 字段的值设置为 .T. 。

4. 已知课程(kc)表和课程安排(kcap)表存在相同的课程代码(kcdm)字段,以 kc 表为主表,kcap 表为子表,按 kcdm 建立永久性关系,并设置 kc 表和 kcap 表之间的参照完整性:更新级联、删除限制。

二、设计查询

已知教师(js)表存储了每名教师的基本信息,其中含院系专业代码(yxzydm,C)、性别(xb,C)等字段,院系专业(yxzy)表为院系专业代码与院系专业名称对照表,含院系专业代码(yxzydm,C)、院系名称(yxmc,C)等字段。按如下要求修改 jxgl 项目中的查询 chaxun:

基于 js 表和 yxzy 表统计各院系人数及男教师人数。要求:输出院系名称、人数和男教师人数(字段名依次分别为 yxmc、rs 和 nanrs),且查询结果按男教师人数降序排序,输出去向为文本文件 temp. txt。

三、设计菜单

jxgl 项目中已存在菜单 menu,已定义了“系统管理”菜单栏及其中的“恢复系统菜单”菜单项。按如下要求设计菜单,完成后的运行效果如图综 2-1 所示。

1. 在“系统管理”菜单栏中插入 VFP 系统菜单“导出”,并为其设置跳过条件:当前工作区中无表打开时,该菜单跳过,即菜单项不可用(提示:使用 ALIAS( )函数可以测试当前工作区中有无表打开)。

2. 创建“教师管理”菜单栏,其访问键为 < T >,并创建其子菜单“录入”、“编辑”、“浏览”和“打印预览”,分组线如图综 2-1 所示。

3. 为“打印预览”菜单项设置命令,其功能是预览报表文件 rtest。

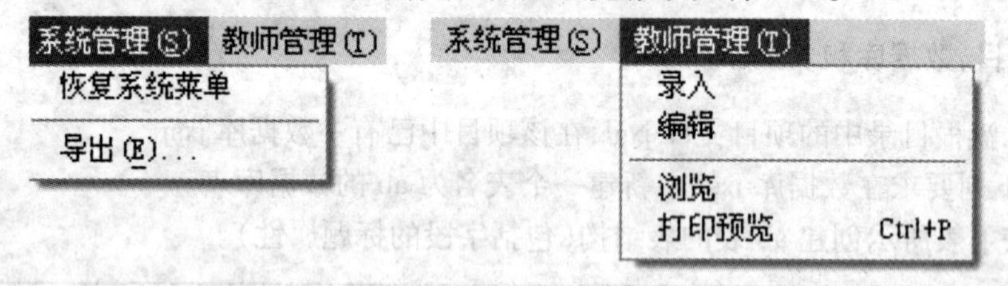

图综 2-1

四、设计表单

表单 f081b 用于口令输入。按下列要求修改表单,修改后表单运行时如图综 2-2 所示。

1. 将左边命令按钮的标题设置为“确定”,且两个命令按钮的 Top 属性均设置为 82。

2. 修改表单的有关属性,使其运行时自动居中,高度为 120,宽度为 280。

3. 在表单上添加一个标签控件和一个文本框控件,并按图综 2-2 所示设置标签和文本框控件的有关属性(文本框的“占位符”属性为“ * ”)。

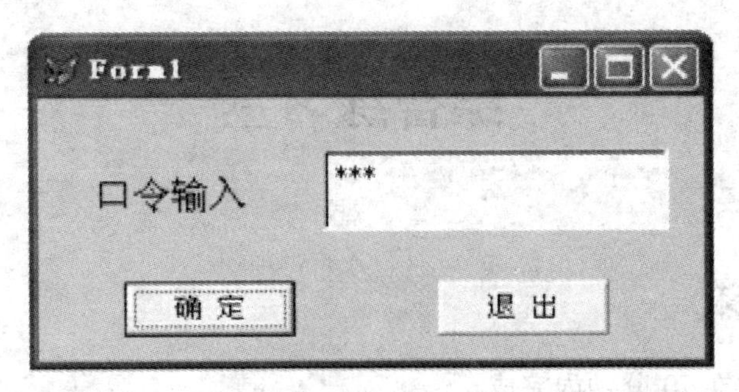

图综 2-2

4. 编写"确定"命令按钮的 Click 事件代码,其功能是使用 IF…ELSE…ENDIF 结构实现:若文本框的 Value 值等于"ABC",则利用 MESSAGEBOX( )函数显示"OK!",否则显示"口令不正确!"。

五、程序改错

下列程序的功能是:将二进制数字字符串转化成十进制数字字符串(转换结果小数点后保持3位)。其基本算法是:将每一位的二进制数字乘以其相应的权,并将乘积相加。二进制数字的权为:以小数点为界,整数部分从右向左依次为$2^0,2^1,2^2,\cdots$;小数部分从左向右依次为$2^{-1},2^{-2},2^{-3},\cdots$。要求:

① 将下列程序输入到项目中的程序文件 pcode 中,并对其中的两条错误语句进行修改。

② 在修改程序时,不允许修改程序的总体框架和算法,不允许增加或减少语句数目。

```
CLEAR
cstr = "1000.111"
n = AT('.', cstr)
cstr = IIF(n = 0, cstr + '.', cstr)
c1 = SUBSTR(cstr, 1, n - 1)
c2 = SUBSTR(cstr, n + 1)
m1 = 0
m2 = 0
m = 0
FOR i = 1 TO  LEN(c1)
    m1 = m1 + VAL(LEFT(RIGHT(c1, i), 1)) * 2 * * (i - 1)
ENDFOR
FOR j = 1 TO  LEN(c2)
    m2 = m2 + VAL(SUBSTR(c2, j, 1)) * 2 ** (j)
ENDFOR
m = m1 + m2
?'二进制数' + cstr + '十进制表示为:' + VAL(m, 10, 3)
```

综合练习三

实验要求

1. 本实验要求在70分钟内完成。
2. 熟练掌握前述各章的实验内容。
3. 熟悉江苏省计算机等级考试的形式和题量。

实验准备

1. 启动VFP系统后，首先在“命令”窗口中执行下列命令，以设置默认的工作文件夹：

```
SET DEFA TO d:\VFP\综合练习03\
```

2. 除非题目要求，否则不要对文件夹中的文件进行重命名、复制和删除操作。

实验内容

一、项目、数据库和表操作

打开d盘根目录中的项目文件jxgl，在该项目中已有一数据库jxsj。

1. 按下列要求在数据库jxsj中新建一个表名为ab的数据库表。

(1) 按下表所示创建ab表的表结构（包括字段的标题属性）：

字段名	标题	类型	宽度	小数位数
rybh	编号	C	6	
ssbm	部门	C	20	
zw	职务	C	12	
rzrq	任职日期	D		

(2) 设置rybh字段的输入掩码，使之只能输入数字字符。

(3) 为表创建记录有效性规则：当zw不为空时rzrq不为空；zw为空时rzrq也为空。

(4) 创建一个普通索引abcd，要求按ssbm字段排序，相同时按rzrq字段排序。

2. 为教师(js)表设置删除触发器：聘用日期(pyrq字段)为空的记录允许删除。

3. 为教师(js)表增加一个年龄字段（字段名为nl，类型为整型），并为它赋值：年龄等于当前系统日期的年份减去出生日期(csrq字段)的年份。

4. 已知学生(xs)表和成绩(cj)表存在相同的学号(xh)字段，以xs表为主表、cj表为子表，按 xh 建立永久性关系，并设置 xs 表和 cj 表之间的参照完整性：更新级联、删除限制。

二、设计查询

已知教师(js)表存储了每名教师的基本信息，其中含政治面貌代码(zzmm，C)、职称(zc，C)等字段，视图 zzmm 为政治面貌代码与名称对照表，含政治面貌代码(dm，C)和政治面貌名称(mc，C)字段。按如下要求修改 jxgl 项目中的查询(chaxun)：

基于教师(js)表和 zzmm 视图，统计职称为"教授"或"副教授"的各类政治面貌的人数。要求：输出职称、政治面貌名称和人数(字段名依次分别为 zc、mc 和 rs)，查询结果按职称排序，相同时按人数降序排序，且查询结果输出到文本文件 temp. txt。

三、设计菜单

jxgl 项目中已存在菜单 menu，已定义了"系统管理"菜单栏及其中的"恢复系统菜单"菜单项。按如下要求设计菜单，完成后的运行效果如图综 3-1 所示。

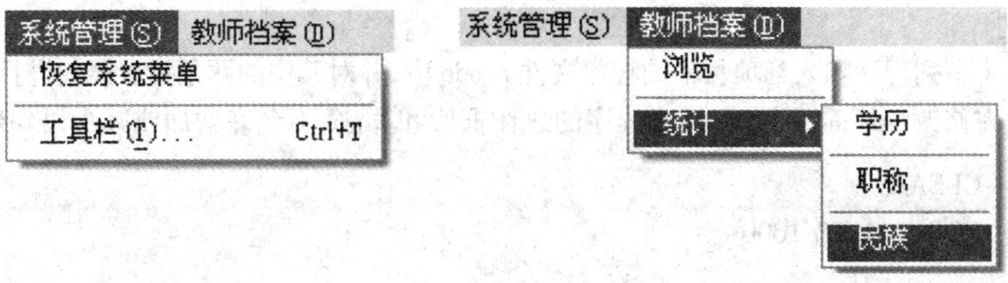

图综 3-1

1. 在"系统管理"菜单栏中插入 VFP 系统菜单"工具栏"，并为其设置快捷键 <Ctrl> + <T>。

2. 创建"教师档案"菜单栏，其访问键为 <D>，其子菜单为"浏览"和"统计"，并为"统计"菜单项创建子菜单"学历"、"职称"和"民族"，分组线如图综 3-1 所示。

3. 为"浏览"菜单项设置过程，其功能是：首先关闭所有的表，然后利用 SELECT-SQL 命令浏览教师(js)表数据。

四、设计表单

表单 f081c 用于水平或垂直显示标签等操作。按下列要求修改表单，修改后表单运行时如图综 3-2、图综 3-3 所示。

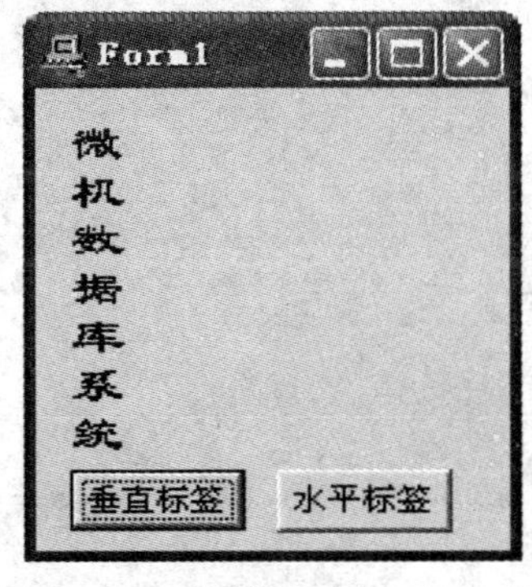

图综 3-2

图综 3-3

1. 修改表单的有关属性,使其图标为 pc. ico 文件;设置标签控件的显示字号属性为 14,字体属性为隶书(或黑体);将右边命令按钮的标题设置为“水平标签”。

2. 在“垂直标签”命令按钮的 Click 事件代码后添加三条命令,实现的功能是:将标签控件的自动调整大小属性设置为 .F. 、高度设置为 130、标题属性设置为变量 CC 的内容。

3. 编写“水平标签”命令按钮 Click 事件代码,其功能是:将标签控件的自动调整大小属性设置为 .T. 、高度设置为 20、标签控件标题属性设置为变量 C 的内容。

五、程序改错

完数是指数的除本身以外的各因子之和正好等于该数本身。例如,6 为完数(除 6 以外的因子为 1、2、3,且 1 +2 +3 =6)。下列程序的功能是:找出 1000 之内的所有完数,并将找出的完数及该数的除本身以外的所有因子输出。输出结果形式为:6,1,2,3

28,1,2,4,7,14

……

要求:

① 将下列程序输入到项目中的程序文件 pcode 中,并对其中的两条错误语句进行修改。

② 在修改程序时,不允许修改程序的总体框架和算法,不允许增加或减少语句数目。

```
CLEAR
FOR i =1 TO 1000
     m =0
     s ="
     FOR j =1 TO i -1
          IF i/j = INT(i/j)
               m =m +j
               s =s +','+j
          ENDIF
     ENDFOR
     IF i =m
          ?i
          ?s
     ENDIF
ENDFOR
```